食と農でつむぐ
地域社会の未来

12の眼で見た とちぎの農業

宇都宮大学農学部農業経済学科 編

刊行に寄せて

　宇都宮大学農学部の前身は、1922年に創立された宇都宮高等農林学校にさかのぼる。そこには農政経済学科が設置されていた。現在の農業経済学科は、それを引き継いでおり、まもなく創立100周年を迎える。
　農業経済学という名称には、何か違和感を覚える人もいるかもしれない。農業のイメージと経済学とが多少ずれていると感じる人もいるだろう。実際、農業以外の産業で工業経済学とか商業経済学という名称を使うことはほとんどない。経済学の対象が工業や商業であることはいわば当たり前のことであり、とくに工業や商業という接頭語を付ける必要がないからだ。農業経済学は、対象を農業に絞り、それを経済学の視点から分析するという意味で農業経済学と称している。そこにずれがあるからこそ農業という接頭語を付加しているわけである。そこにある多少のずれ、それが農業経済学の強みを生み出しているようにも思える。このずれを複眼思考という言葉で表現すれば、農業経済学は農業という現場を複眼的に見て、立体視するという点に特徴があるといってもよいだろう。
　農業経済学の母体となる農学もそのような特徴を備えている。もともと農学とは、「食料と生活資材、生命、環境を対象とし、グローバルかつ地域性を重視しつつ、生物資源の探索、開発・利用、保全、農林水産分野の生産基盤システムの高度化、及び農林水産分野の多面的機能の保全・利用の実現を目的

刊行に寄せて

とする学問」とされ、農業経済学は、農芸化学、生産農学、畜産学・獣医学、水産学、森林学・林産学、農業工学とともに7つの基礎分野を構成している。たいへんに幅広い学問分野として農学は位置づけられており、このため総合農学という名称で、その性質を表してきた。いろいろな学問分野が入り交じる総合性という論理は、農学が対象とする農業という産業が本来持っている性質を反映したものといえるだろう。

農業経済学という学問分野は、総合性という性質を強く引き継いでいる。農業経済学は、そのなかに農業経済学、農政学、農業史学、農業経営学、農村社会学など多様な学問分野を抱えている。複眼的に農業を見ていくことにより、農業を立体的、実体的に浮かび上がらせるという考えが、農業経済学の基盤をなしているわけだ。農業経済学を学ぶことは、それぞれの多様な視点から得られたピースを自分で組み立てていく能力を習得することといえるだろう。同じピースを用いながらも、そこに組み立てられた農業実体像は、それぞれに異なる形をとるに違いない。形は異なっていても、それはこれが正しく、他は間違っているということではない。正しい、正しくないという単純な評価自体が作用しない領域なのだ。それが単眼でなく複眼でものを見るという総合性の基本性質を表している。

本書では全12章にわたって、それぞれの視点から栃木農業をみたピースが示されている。これを組み立て、あなた自身の栃木農業の実体を創造してほしい。

平成29年11月

農業経済学科長　斎藤　潔

本書について

　本書は、連合栃木総合研究所からの平成28年度委託研究『栃木県における産業としての農業のあり方に関する調査研究』（報告書は平成29年5月に刊行）を元に、その成果を取りまとめたものである。農業経済学科として栃木県全体の農業について研究する契機を与えて頂いた、連合栃木総合研究所にこの場を借りて感謝の意を捧げたい。

　元になった報告書執筆以降にも、農業を取り巻く環境は一層厳しさを増している。トランプ政権成立に伴い懸案のTPP交渉は頓挫していたが、日欧EPA交渉、アメリカを除いたTPP11は大枠合意に達しており、畜産物を中心に先の合意を上回る譲歩も指摘されている。アメリカにおいても貿易赤字削減のターゲットとして、日米FTA交渉が準備されていると言われており、こうした合意を上回る大幅譲歩が要求されるものと懸念されている。農産物自由化交渉は「中断」では無く、まさしく進行途上にあるものと留意しておく必要がある。

　こうした自由化交渉を背景に、規制改革会議を中心とする農外からの農政改革も急ピッチで進んでいる。種苗法の廃止に加えて、国による生産調整の配分中止に伴う米政策改革、卸売市場「改革」、JA「改革」の点検、中間管理機構の見直しが遡上に上っており、海外への開放ばかりで無く、国内企業への食料農業の門戸開放が目指されている。こうした農業環境の悪化は、生き残りをかけた産地間競争の激化として発現しており、相対

的優等地に属する栃木県もその埒外にあるわけではない。

　他方、農家の世代交代期を迎えて、地域における人口減少は農村部、中山間地で深刻化しており、定住社会の維持が地域社会にとって重要な課題となってきている。担い手不足と共に、耕作放棄地や未管理林地が増大しており、定住社会の維持と地域資源管理体制の再構築が待ったなしの課題となってきている。農業者・関係機関はもちろん、地場産業、地域住民を巻き込んだ地域づくり運動が求められている。

　本書は、こうした危機認識の下に、栃木県農業の現状と振興方向を検討することを課題として、次の4本柱で構成されている。第1は、栃木県農業を取り巻く環境(第1章)と現状の分析(第2章)である。第2は、園芸・畜産・耕種の栃木県主要3部門の動向と課題(第3~5章)である。第3は、6次産業化・農商工連携・農産物輸出戦略などの付加価値型農業への転換課題(第6~8章)である。第4は、環境保全と定住を目指した地域作りの現状と到達点の検討(第9~11章)である。以上の4つの視点からの分析を下に、若干の提言(第12章)も行った。キーワードは参加・連携・循環・持続型地域社会・農業形態の創生である。各章の執筆に当たっては、専門を考慮して各自の責任で分担したが、内容論調はあえて調整していない。厳しい農業環境の下で、今こそ多様な視点から多様な議論が起きることが大切と考えるからである。貧しい成果ではあるが、栃木県農業振興に向けて捨て石としてご活用頂ければ幸いである。

　　　　　　　　　　　　　　　研究代表者　秋　山　　満

目　次

刊行に寄せて…………………………………………………… 02
本書について…………………………………………………… 04

第1章　農政改革の動向と栃木県農政・農業 ……………… 09
第2章　栃木県農業生産の現状と展望 ……………………… 35
第3章　栃木県における水田農業の現状と展望 …………… 53
第4章　栃木県園芸の方向性と課題
　　　　－10年間の統計分析を基に－ ……………………… 77
第5章　畜産の基盤強化と地域対応 ………………………… 93
第6章　栃木県における地産地消・6次産業化の課題と展望
　　　　－1970年代の農産物自給運動と1990年代の女性起業を素材として－ 111
第7章　付加価値型農業戦略と6次産業化・
　　　　農商工連携の課題 ……… 129
第8章　農産物輸出の現状と輸出戦略 ……………………… 153
第9章　木質バイオマス発電の地域経済に対する効果 … 175
第10章　Iターン者の活躍を支える限界集落のもつ"明るさ"
　　　　－栃木県佐野市秋山地区を事例として－ ………… 203
第11章　温故知新・栃木の伝統的特産物を活用した農の再生
　　　　－「栃木三鷹」種の復活でとうがらしの郷づくりに挑む大田原－ … 223
第12章　栃木県農業振興の課題と展望 …………………… 243

謝　辞 ………………………………………………………… 278

執筆者一覧（執筆順）

第1章　　秋山　　満　（農学部農業経済学科　教授）

第2章　　児玉　剛史　（農学部農業経済学科　准教授）

第3章　　安藤　益夫　（農学部農業経済学科　教授）

第4章　　原田　　淳
　　　　　（地域デザイン科学部コミュニティデザイン学科　教授）

第5章　　斎藤　　潔　（農学部農業経済学科　教授）

第6章　　西山　未真　（農学部農業経済学科　准教授）
　　　　　一ノ瀬 佑理　（農学部農業経済専攻　大学院）

第7章　　杉田　直樹　（農学部農業経済学科　准教授）

第8章　　神代　英昭　（農学部農業経済学科　准教授）

第9章　　加藤　弘二　（農学部農業経済学科　准教授）

第10章　　閻ヤン　美芳メイファン（雑草と里山の科学教育研究センター　講師）

第11章　　大栗　行昭　（農学部農業経済学科　教授）

第12章　　秋山　　満　（農学部農業経済学科　教授）

第 1 章

農政改革の動向と栃木県農政・農業

秋 山　　満

1. 農政改革の動向

　表1−1は、近年の農業を取り巻く環境、施策の動向を概観したものである。民主党から自民党への政権再交代に伴い、米政策改革が急ピッチで再開されてきた。戸別所得補償政策の見直しと経営所得安定対策への再転換が図られるとともに、平成30年を目途とした国の生産調整配分廃止と収入保険制度への移行を伴う米政策の大幅見直しが進行途上にある。ＷＴＯ体制を前提としつつ、基調的には、直接支払制度による全農家対応型政策から、貿易自由化を前提とした市場原理重視・担い手選別型政策へと、大きくその軸足を転換してきている点にその特徴がある。こうした急ピッチな農政転換の背景には、平成22年から開始されたTPP交渉（環太平洋パートナーシップ）への先取り対応がある。トラ

表1−1　農業を取り巻く情勢・施策の推移

年　　次	農業政策・施策の動向
平成25年12月	「農林水産業・地域の活力創造プラン」を決定(アベノミクス農業版)
平成26年11月	「まち・ひと・しごと創生法」を制定(地域創生法)
平成27年 3月	新たな「食料・農業・農村基本計画」を決定（第4次基本計画）
平成27年11月	「総合的なTPP関連政策大綱」を策定、平成28年12月国会批准
平成28年11月	アメリカでトランプ新政権誕生、平成29年1月TPP離脱表明
平成30年 4月	米政策改革（生産調整配分廃止、収入保険制度導入）予定

　　　　　　　　　　　　　注　新聞報道・資料等より筆者作成

ンプ新政権の登場によるTPP頓挫を迎えて、危惧される日米二国間交渉を横目で見ながらの再見直しが現状の動向である。TPP交渉、トランプ新政権の性格、アベノミクス農政の展開に分けて、その動向を概観しよう。

1）TPP交渉の経緯とトランプ新政権の登場

①TPP交渉とその中身

　平成12年以降、貿易交渉はGATTから格上げされたWTO交渉を軸に展開していたが、先進国と途上国、農産物の輸出国と輸入国の三つどもえの対立を背景に頓挫し、二国間交渉を軸とするFTA・EPA交渉が主流となりつつあった。こうした地域経済ブロック化は、拡大EU、NAFTA（北米自由貿易協定）をはじめ90年代以降に広がりつつあったが、成長セクターであるアジアの帰趨がその焦点となった。日本においては、WTOの枠組みの下にアジアを中心に二国間交渉を進めていたが、日中韓を主軸とした東アジア経済圏構想と、アメリカを主軸とした環太平洋経済圏構想が対立していた。政権再交代に伴い、平成25年3月、安倍首相は日米共同声明でTPP交渉参加を表明、大きく後者へと舵を切ったのである。

　TPP交渉の場合、アメリカ、オセアニア、カナダを中心とした農産物輸出国をその構成員とする。そのため、米など農産物重要品目への影響が危惧され、自民党内部、国会においても「守り抜くべき聖域」として関心事項が決議されていた。しかし、基本的に完全自由化を目指す交渉枠組みの下で、

TPPは大幅譲歩する形で平成27年10月に大枠合意となり、足早に平成27年11月「総合的なTPP関連政策大綱」を策定、臨時国会で審議された。しかし、国の影響予測への不信感、黒塗り資料に代表される合意内容自体の不分明もあり、国会審議は深まらなかった。他方、アメリカにおいてはTPP離脱を公約とするトランプ新政権が平成28年11月に誕生した。あわてた安倍政権は、「これ以上の譲歩はあり得ない」ことを示すために、前のめりで平成28年12月国会でTPPを批准、しかし、トランプ政権は翌29年1月に正式にTPP離脱を表明、TPP交渉自体が頓挫する形で今日に至っている。

　TPPの大枠合意（日本）の内容を足早に確認すれば以下の通りである。

　第1に、工業製品においては、関心事項であったアメリカの自動車関税では、米韓FTAを上回る25年後の関税撤廃となっており、日本の大幅譲歩の合意となった。

　第2に、農産物に関してみれば、日本は81％の関税撤廃率であるが、「聖域」たる米など重要5品目においても30％、これまで関税撤廃したことのない果樹・鶏卵等の重要品目では89％、それ以外の野菜等の品目ではほぼ100％の関税撤廃率であり、日本農業の基幹品目に及ぶ大幅譲歩が行われた。重要5品目では、米・麦類では加工品調整品等で25％、牛肉・豚肉など畜産物では内臓肉、ハムなど加工品を中心に約70％の関税撤廃となっており、特に畜産への影響が危惧される内容となっていた。日本農業の根幹が脅かされる合意内容といえよう。

第　1　章

　こうしたTPP大枠合意の影響について、政府（内閣府）が再試算を発表している。GDPの増加額は2.6％、13.6兆円の押し上げ効果があり、農業生産への影響額は1300億から2100億円程度に留まるとするものである。前回試算に比べてGDP押し上げ効果でおよそ4倍、農業被害額で20分の1以下への影響予測となっており、現場からその試算への不信を招いていた。今回の政府試算の仕組みにも問題がある。農業生産が維持されることが前提（生産減少率ゼロ）となっており、今後具体化するTPP関連影響対策の効果を見込み、加えて農産物19品目に限定した試算となっている点が大きな問題であろう。こうした現場の実感からかけ離れた政府試算に対し、東大の鈴木宣弘教授の試算がある。鈴木試算によれば、被害金額は農林水産物計で1.56兆円と政府試算の10倍に及び、品目別では米で6.7％、1200億円、豚肉で49％、2800億円、牛肉で31％、1740億円に達している。関連対策効果も見込んだ先の政府試算との前提の違いはあるが、同じ影響試算として結果は大幅に食い違っているとしてよい。

　影響試算としては、農産物の輸出国たるアメリカも平成28年5月にその結果を公表している。アメリカのGDP押し上げ効果は0.15％、4.7兆円であり、輸出増の期待される農業食品分野は、輸出で2.6％、8000億円の増（日本向けはその半分の4000億円程度）を見込んでいる。農産物輸出品目別に見れば、米で23％増（日本向け7万トン枠の確保、既存輸出量と合わせて50万トンの対日輸出見込み）、牛肉で50％増、乳製品で約3倍、鶏肉で約10倍の輸出増を見込んでいる。こ

れにオセアニア、カナダ、メキシコ、ベトナム等からの輸入増大を加えれば、その動向は先の鈴木試算を補強する予測となっているとして良い。

こうした農業への影響予測と共に、交渉方式それ自体の問題がある。①ポジティブリスト方式（通常の譲る部分を列記する方式）でなく、ネガティブリスト方式（守る項目のみ列挙する方式で、記載以外は開放と判断される危険）の交渉方式、②ISD条項（民間企業が遺失利益を国家賠償請求できる権限）に代表される「ヒト、モノ、カネ」に関わる24の交渉分野に及ぶ国家「改造」的性格、③ラチェット条項（離脱しても元に戻せない規定）の存在、④交渉過程を4年間秘匿する徹底した秘密主義的性格（日本語の正式合意文書の不在）、⑤3〜7年後再交渉規定による完全自由化に向けた通過点的合意の性格が指摘・危惧されている。TPP交渉は農産物貿易自由化を超えた「国のかたち」にかかわる問題であったことがわかる。その性格は、多国籍企業におけるグローバリゼーションに対応した「ヒト、モノ、カネ」の新自由主義的自由化であり、日米関係においては80年代後半以降の日米構造協議、日米貿易・投資「年次改革要望書」の総仕上げ的性格が強かったといえる。

このTPP交渉自体はトランプ新政権の登場により頓挫したが、成長セクターであるアジアをめぐって、日中韓を主軸とした東アジアを中心とした自由貿易圏（ASEAN＋6）を構想するのか、アメリカ主導の環太平洋経済圏構想に踏み込むのか、これを機会に基本的な国家戦略の再検討が求められよう。

特に、アメリカは「自国優先」主義の下での「攻撃的保護」主義に転換しつつあり、その動向に留意する必要がある。

②トランプ新政権の登場とその性格

　トランプ新政権が誕生した。昨年の大統領選挙自体が異例であった。民主党は国務長官も務めたヒラリーが本命と見られながら、TPP反対と格差是正を訴える「異端」のサンダースが善戦、最後まで候補者争いが続いた。共和党でも、下馬評が高く保守本命とみられたブッシュ、ルビオ、クルーズが蹴散らされ、移民排斥と国内産業優先を掲げる「異端」のトランプ旋風が吹き荒れた。民主党、共和党とも、国際関係における戦争関与とテロの拡散、国内における格差拡大を背景に、既存政治への不満が噴き出した形である。こうした流れは本選挙でも続いた。既存政治を代表する本命のヒラリーに対し、地方のプア・ホワイトの「草の根保守主義」の不満の代弁者たるトランプが急追、最後は大手マスコミの予想を覆し、トランプ・ショックが世界を駆け巡った。戦争と金融経済とグローバリゼーションへの反発、強欲資本主義への異議申し立てが、格差社会を反映した分断社会を顕在化させ、選挙を通じて白日の下にさらされたと言える。

　こうした異議申し立ては、欧州でも顕著であり、イギリスのEU離脱問題として顕在化していた。中東や東欧からの移民問題が、テロの拡散と中産階級の没落をもたらし、格差社会を顕在化させている。加えて、一人勝ちドイツへの不満、EU共通ルールによる国家主権介入への国民的不満として吹き

出し、EUの「分断化」の流れを引き起こしていたのである。こうした不満の受け皿として、移民排斥を訴える極右政党の支持率が上昇、平成29年度は、フランス、イタリア、オランダ、ドイツの各種選挙が目白押しであり、選挙戦を通じてEU存続をめぐる暑い政治激変の年になることが予想されている。取り分け、グローバリゼーションの本家で会ったアメリカとイギリスの国内回帰への路線転換は、世界経済の後戻りできない変化を印象づけながら、目の離せない状況が続くと思われる。

　トランプ新政権は、強いアメリカの再生を目指して「アメリカン・ファースト」を掲げている。安全保障における国際警察官の役割からの後退(同盟国負担への置き換え)、メキシコとの国境の壁に象徴される移民排斥の強化(テロ対策と中産階級保全)、NAFTAやTPPからの離脱に象徴される保護貿易主義(自国産業優先主義)への転換を志向している。加えて、リーマン・ショック後の危機対応としての金融緩和(ゼロ金利政策)に関して、連邦準備制度理事会への批判も強めており、トランプ「革命」ともいわれる国家戦略の大転換が目指されている。

　しかし、こうした路線転換には、民主党はもちろん、主要マスコミをはじめ、共和党内部においても反発が強い。加えて、組閣人事を見ると「金持ちと軍人と金融」がその中核をなし、その公約の実行可能性を危ぶむ声も強い。組閣後の動向を見ても、民主党による人事拒否で組閣人事改造が進まないとともに、共和党政権内部においても金融を中心とす

るグローバル派と国内優先派の対立を内包しており、公約具体化の方向性はなお未知数である。社会内部における分断・対立が激化すると共に、その方向性も大きく変質する可能性が高い。グローバリゼーションと強欲資本主義の帰結としての世界的な格差社会・分断社会における変革要求の基調的な社会構造変化と、アメリカン・ファーストを掲げたアメリカ中心主義が混在した政策転換に関して、丁寧な仕分けをした上で、その具体化や方向性に関して冷静な分析が必要であろう。

　過去に目を向ければ、戦後の世界経済の大激変は共和党政権時におきてきた経緯がある。①70年代のアメリカの貿易赤字体質の定着に伴うニクソン時代のドル・ショック、②80年代のレーガノミクスに伴う債務国転落と85年プラザ合意によるドル安円高への大幅な為替調整、③ブッシュ時代の国際的金融自由化の帰結としての08年リーマン・ショックと世界的量的金融緩和への転換等、節目をなす国際経済の基調転換は「アメリカ優先主義」の下で行われてきた。産業空洞化と金融自壊に伴う体力低下の下での、なりふりかまわぬ戦略転換は、成長セクターであるアジア、取り分け「同盟国」である日本への強い要求として現れることが危惧される。「ゲーム・チェンジ」と言われるように、戦後4回目の世界的潮流の大激変期として身構える必要があろう。

　農業においてはTTPから日米二国間交渉への移行が危惧される。アメリカの貿易赤字は、過半を占める中国を筆頭に、日本、メキシコ、ドイツがその中心である。USTR代表発

言に見られるように、日本はその「第一標的」となっており、アメリカン・ファーストを前提とした交渉は、安全保障と輸出産業を人質に取った日米貿易摩擦時代（スーパ三〇一条の復活）への逆戻りとなる懸念がある。TPPに批准した日本は、すでに交渉の手の内を明らかにしたのも同然であり、二国間交渉はTPP合意を上回るより厳しい内容となる恐れなしとしない。トランプ新政権の登場は、TPP頓挫による開放要求の一時中断ではなく、日米摩擦を背景とした国内対立を先鋭化する内外摩擦時代の幕開けになることが危惧される。

2）アベノミクス農政の展開と問題点

翻って、アメリカとの強い同盟関係を自負する安倍政権は、アベノミクスにおける「3本の矢」として、異次元的量的緩和による金融政策、機動的な財政出動、TPPをはじめとする成長戦略（規制緩和と民活推進）を柱とし、金融財政による「株価対策」と規制緩和を中心とする新自由主義的政策として進められてきた。第1の柱は、すでに世界的に出口戦略へと舵を切り替えつつある。財政赤字を横目で睨みつつ、買い込んだ国債と株のファイナンスが困難化してきており、出口戦略へ向けた政府・日銀の難しい舵取りが課題となっている。第2の柱は、震災復興に加えてオリンピック特需を狙った公共投資拡大が赤字国債依存を強めつつあり、出口戦略に連動した金利上昇に耐えられない財政構造を深刻化させ

つつある。第3の柱は、アメリカのFTA・TPP離脱の下で、「新自由主義」的成長戦略自体の見直しが不可避となりつつある。加えて、特区等の規制緩和路線が利権の温床になっている点が社会問題化しつつあり、安易な規制緩和路線への見直しも不可避となりつつある。安倍政権の自画自賛的な「成果」とは裏腹に、政策の行き詰まりが露わとなってきている段階として良い。

　他方、「構造改革」の名の下に、非正規労働が4割に達するほどの格差社会が蔓延し、地方消滅と言われるほどの地域格差を生み出してきた。加えて、東京電力、シャープ、東芝、自動車部品のタカタ問題に見られるように、電力、電気機械、自動車等のリーディング産業の空洞化、弱体化が顕在化しており、国際競争における位置低下が進行途上にある。さらに、安全保障をめぐる対立を背景に、日中韓の政治的対立の緩和方向が見通せず、成長セクターたるアジアでの立ち位置も含めてその路線転換が求められている。ゼロ成長下の格差拡大と分断社会の顕在化が、日本においても顕著になりつつある段階としてよい。こうした路線への異議申し立てが、日本・アジアにおいていかように顕在化するかが焦点となりつつある。

　農政転換は、こうしたTPPをはじめとするアベノミクス政策の農業版として展開したのであり、農外企業への門戸開放としての規制緩和と共に、WTO・TPP等の国際環境への先取り対応という基本性格を持つ。

　アベノミクス農政に伴う政策転換は、平成25年末に農業・

農村所得倍増を掲げた「農林水産業・地域の活力創造プラン」に示されている。そこでは、①農山漁村の潜在的ポテンシャル活用の遅れ（需給のミスマッチ）、②農業者の経営マインドの弱さ、③チャレンジを後押しする農業環境整備（農地法等の規制残存）の遅れを指摘し、農業停滞の原因をもっぱら農業内部の体質改善の遅れに求めている。その打開の方向として、第1にアジアを中心とする食料需要拡大に対応した農産物輸出の促進、第2に、需要と供給をつなぐバリューチェーンの再構築（農商工連携・6次産業化、他方での急進的JA改革の推進）、第3に、改革に対応できる担い手に思い切ってシフトした担い手支援方策（農地中間管理機構や農業経営所得安定対策の見直し）、第4に、改革に対応できない地域への対策を柱とした農村の多面的機能の維持・発揮（日本型直接支払制度）を掲げている。こうした4本柱を貫いているのは、大規模経営の担い手重視と企業等の農外活力の活用である。アベノミクス農政の特徴は、こうした戦略策定に当たり、産業競争力会議や規制改革会議といった農外の外部諮問機関の意向が強く反映されると共に、JAをはじめとする既存の農業団体への強い改革志向が示されている点にある。そこでは農外資本の農業参入を進めながら、その参入の障害となる既存の制度や団体を既得権益として攻撃する規制改革路線＝新自由主義的志向で一貫している。また、こうした改革についてこられる担い手層にのみ施策を集中化する選別的志向が強い点にその特徴がある。

　地域政策としては、人口減少社会と消滅自治体可能性が

宣伝される中、平成26年末「まち・ひと・しごと創生法」が制定され、地域創生と定住社会の確立を打ち出している。そこでは人口減少に対応した集落や自治体の再編を伴うコンパクトシティ化、高齢化に伴う福祉介護システムの見直しを要請している。その基本性格は、地域格差発生の原因には手をつけず、人口減少に対応した「効率的」地域システムの再編を目指している点にある。定住社会の維持・確保というよりも、「自助努力」の名の下に地域選別的志向が強い点にこそ、その特徴がある。

　こうした地域政策と農業政策における選別的志向は、農業政策としては平成27年3月に「新たな食料・農業・農村基本計画」（第4次）において統合化・具体化されてきている。そこでは、水田農業のあるべき姿として、担い手への農地8割集積、コストの4割削減（担い手の米生産コストを下回る9600円目標、将来の米価目標）を打ち出し、国際化に耐えうる担い手育成を急いでいる。その手段として農地流動化の加速化を目指す農地中間管理機構の創設と米政策改革の加速化をもたらし、ＪＡをはじめとする農業団体改革推進を打ち出してきたのである。人口減少社会への対応としての定住社会維持目標と、重要な地場産業である農業における選別的担い手育成方策との整合性・両立可能性自体が問題となろう。以上、農政展開の動向を概観してきたが、栃木県における農業振興計画の概要とＪＡ改革の動向を節を改めて概観しよう。

2．栃木県農業振興計画の概要

1) 栃木県農業の強みと課題

　栃木県農業の特徴は、全国9位の農業県であるとともに、耕種・園芸・畜産のバランスがよい点にある。栃木県農業の強みは、①大消費地である首都圏近郊であるとともに、毎年2000万の観光客が訪れる有利な市場条件、②周辺に加工産業や流通拠点が立地する地理的交通条件、③温暖作物から寒冷作物まで何でも作れる土地柄としての農業自然条件がある。加えて、④耕畜園のバランスがよく、高い経営・技術力を持った農業者が分厚く存在するとともに、⑤近年、道の駅に代表される農産物直売所を中心に6次産業化を積極的に推進してきた点にある。全国を見渡しても最も恵まれた農業環境にあるとしてよい。

　しかし、農業・政策環境の悪化に伴い、そうした優位性が崩れつつあるのが現段階である。稲作においては、大規模経営のコストを下回る米価水準への下落、新規需要米を中心とした拡大する生産調整への対応、及び、栃木米の主要販売先である業務用米への主産県を巻き込んだ産地間競争の激化が、大規模担い手層の経営すら脅かしつつあるのが現状である。

　最も成長の期待される園芸においては、イチゴ・トマトなどのプロ型施設園芸においては全国有数の産地を形成しているが、膨らみのある園芸産地としての土地利用型園芸作物

や労働集約型園芸作目の広がりが弱く、園芸の担い手の高齢化も問題となっている。

　畜産においては、全国第2位の乳用牛を中心に大規模化が進展しているが、規模拡大に伴う糞尿処理施設への投資がかさむとともに、量的金融緩和に伴う円安傾向がエサ価格の高騰を招き、厳しい経営状態が続いている。

　高齢化と人口減少問題も深刻である。栃木県の人口は約200万人であるが、2050年には40〜60万人の人口減少が予測されており、ちょうど宇都宮市の人口がまるまる減少する恐れがある。農村部はこうした動向を15年ほど先取りしているといわれており、今現在が高齢化に伴う世代交代と人口減少のまっただ中にある。この20年で農家数が8万から5万に減少するとともに、主業農家数は5割も減少している。基幹的農業従事者の6割は65歳以上の高齢者であり、世代交代と地域農業の担い手育成が緊急の課題となっているとしてよい。近年、農外からの農業参入も含めて新規就農者が増大傾向にあるが、年間就農者数は250人ほどにとどまり、新規就農者の全員が農業を継続したとしても40年後の就農者は1万人程度にまで縮小してしまうことになる。栃木農業の産地維持のためには、イエの後継ぎとしての後継者育成に依存していたのではその確保が困難化することが予想され、地域的・組織的担い手育成が緊急の課題となっている。

　農業担い手としては、家族経営を中心とする個別タイプが主流であるが、認定農業者は全県で7500戸、15％程度に止まっており、特に土地利用型担い手の確保が緊急の課題と

なっている。経営所得安定対策への対応もあり、栃木県においても水田農業を中心に集落営農が200組織ほど育成されてきたが、経営体として機能しているのはその半分程度に止まり、組織的経営の経営体化や法人組織への成長が課題となっている。

　6次産業化をはじめとする農業の付加価値化は、道の駅を中心とする農産物直売を中心に展開し、その販売額も100億を超えてきたが、すでに直売所は飽和状態となりつつあり、差別化とさらなる高付加価値化が課題となっている。

　以上、栃木県農業の特徴と課題を足早に見てきたが、県では2020年を目標とした新栃木県農業振興計画（通称とちぎ農業進化躍動プラン、以下新プラン）を2016年3月に策定してきている。節を改めてその特徴を見よう。

2）とちぎ農業進化躍動プランの骨格

　表1－2は、新プランの骨格を見たものである。新プランでは、先に見た農業の現状を踏まえて、「稼げる農業」の育成と「棲みよい農村環境」を両輪とした「成長産業として進化する栃木」をその基本目標としている。数値目標としては、「農業の稼ぐ力」として生産農業所得1100億円（現状681億円）、新たな活力として5年間の新規就農者数1700人の確保（現状1420人／5年）、「地域の持続力」として、世代交代期に対応した担い手への農地集積率68％（現状43％）を掲げており、厳しい農業環境の下でかなり意欲的な目標を立てている

としてよい。

　こうした意欲的な目標を達成するために、具体的な施策展開の方向として6つの分野において、それぞれ施策の柱を4つに整理している。第1の「生産力向上対策」では、①園芸生産の拡大、②需要に応じた米麦等の生産、③畜産経営の体質強化、④生産技術の革新の4つである。第2の「担い手対策」では、①担い手への農地集積・集約化、②法人化等の推進、③新規就農者の確保・育成、④女性農業者の活躍促進の4つである。第3の「付加価値向上対策」では、①マーケティング対策の強化、②6次産業化の推進、③農産物の輸出拡大、④新品種等の開発の4つである。第4の「農業・農村の基盤対策」では、①優良農地の確保・耕作放棄地対策、②圃場整備の推進、③農業水利施設の保全管理、④農業災害の未然防止の4つである。第5の「農村振興対策」では、

表1-2　とちぎ農業進化躍動プランの概要

基本数値目標	指標	直近→目標値（平成32年）
1.農業の稼ぐ力	生産農業所得	939億円→1,100億円
2.新たな活力	新規就農者数	1,420人→1,700人/5年間
3.地域の持続力	農地集積率	43%→68%（担い手集積率）
3つの柱	リーディング・プロジェクト（7つの視点）	
1.栃木の強みを伸ばす	①新たな園芸生産の戦略的拡大	
	②国際化に対応した水田・畜産経営の確立	
	③農産物のブランド力強化と輸出戦略	
2.明日の農業を開く	④次代を担う農業人材の確保	
	⑤スマート農業とちぎへの挑戦	
3.農業農村の価値を高める	⑥農村資源を活かした地域の創生	
	⑦農の多彩な効用の発揮促進	

　　　　注　栃木県とちぎ農業"進化"躍動プラン」より作成

①農村環境の維持・保全、②魅力ある中山間地域作り、③誘客促進等による農村の活性化、④農村資源を活用した再生可能エネルギーの利用の4つである。第6の「消費・安全対策」では、①環境に配慮した農業生産の推進、②食の安全・安心の確保、③地産地消の推進、④食と農の理解促進の4つである。以上、新プランは基本計画という性格上、ほぼ政策課題を網羅した総花的課題整理となっているとしてよい。

以上の課題整理の上で、アクションプランとして、重点的・戦略的に進める3本柱と7つのリーディング・プロジェクトが示されている。

第1の柱は、「稼げる農業」を目指した「栃木の強みを伸ばす対策」である。具体的には、①新たな園芸生産の戦略的拡大、②国際化に対応した水田・畜産経営の確立、③農産物のブランド力強化と輸出促進の3つのプロジェクトを掲げている。園芸においては、すでにトップブランドを形成しているイチゴ・トマトの競争力強化に加えて、それに準ずる新主力品目の育成、露地野菜や地域特産物の育成を通じた新たな産地作りを目標としている。TPP対策の下での産地間競争の激化を視野に入れて、成長余力のある園芸部門の飛躍拡大と膨らみのある産地作りが課題である。TPPの影響が大きい耕種・畜産部門においては、集落営農を含む競争力のある次世代型大規模経営体の育成とともに、経営の多角化・複合化による所得向上を目指している。加えて、コントラクターの育成を含めた耕畜連携の部門間協働の積極的推進が課題である。自由化の推進で予想される厳しい市場環境を意識しつつ、世代交代を

契機に思い切った生産システムの再編を目指しているといえよう。ブランド化戦略については、ブランド確立に向けた環境作りとリーディングブランドの育成定着を目指すとともに、6次産業化による付加価値商品作りを支援していく方針だ。

　第2の柱は、「持続性・成長性」を目指した「明日の農業を拓く対策」である。具体的には、④次代を担う農業人材の確保、⑤新技術の導入などスマート農業とちぎへの挑戦の2つのプロジェクトを掲げている。世代交代期に対応した次世代担い手育成は、就農相談、就農準備、就農後定着支援の3段階に分けた就農支援対策の強化とともに、6次産業化で大きな役割を果たす女性農業者の活躍支援を強化することを目指している。スマート農業の推進では、先端的次世代農業技術導入の積極的普及・支援とともに、その普及体制の強化を目指している。

　第3の柱は、「棲みよい農村環境」の確立を目指した「農業・農村の価値を高める対策」である。具体的には、⑥農村資源を生かした地域の創生、⑦農の多彩な効用の発揮促進の2つの地域作りプロジェクトを掲げている。地域創生対策としては、小さな拠点作りの積極的推進、グリーンツーリズムによる交流人口の拡大、田園回帰を促進する都市農村交流の積極的推進を目指している。農の多彩な効用発揮では、福祉や教育とも連携したユニバーサル農業の推進、消費者と連携した食育や地産地消の推進、安全・安心を目指すエコ農業とちぎの積極的推進が課題となっている。

　以上、稼げる農業、次世代型農業、農村価値の向上を3本柱に、アクションプランとして7つのリーディング・プロジェクトに

具体化されている。そこでは、農産物自由化を見据えながら、園芸を中心に主要3部門の体質強化を図ると共に、産地間競争の激化を見据えて積極的販売戦略の強化を打ち出し、定住社会を実現するために農業を連結材とした地域内の連携強化による地域作りを目指しているといえる。

　こうした行政の地域農業戦略は、販売戦略の強化に見られるように、JA等の農業団体との連携が不可欠であるが、そのJA自体の改革が急進展しているのが今日の状況である。節を改めて、JA改革の動向を確認しよう。

3. JA改革の動向

1) JA改革の動向

　TPP交渉に連動して、JA改革が急ピッチで進展してきた。具体的には、農外資本の意向を受けながら規制改革会議で農業団体の見直しが提起され、平成26年6月に農協のあり方の見直しを含む提言を答申、それを受ける形で政府が先の「活力創造プラン」の改定の柱に農協改革を位置づけることとなった。その後も急ピッチで審議が進み、平成27年4月に農協法改正法案を提出、同年9月に農協法改正案が公布、平成28年4月から同法の施行が開始されている。こうした異例の急ピッチの審議の過程に示されているのは、今回の改革が農業内部からの改革ではなく、農外からの要請に基づく外からの改革であることである。一方で、TPPを背景とした農産

物自由化のつゆ払いであるとともに、他方で、農業・農村への参入を目指す農外企業へ向けた規制緩和の一環を成しており、「既得権益団体」としてJAが目の敵にされた点に特徴がある。こうした改革の性格は、改革視点として地域インフラとしての協同組合理念の視点が欠如しており、もっぱら効率性を重視する営利企業視点からする改革案となっている点に表れている。

　具体的には、連合会レベルにおいては、①JA中央会は、一般社団法人への組織変更を迫ると共に、農業者代表機能としての農政建議機能の弱体化、公認会計士の会計監査の義務化を通じて業務監査機能の弱体化が求められている。②JA全農に関しては、事情の異なる韓国の事例をたてに、業務の一層の効率化・スリム化を要請すると共に、営利原則に基づく株式会社への移行を促している。③信用・共済部門に関しては、単協の代理店化への組織再編を迫ると共に、組合員への利用強制を慎むよう要請している。④地域協同組合としての性格については、准組合員の制限を強化し、事業協同組合へと純化する方向を打ち出している。単協レベルの改革においては、①役員体制を認定農業者等の担い手と農外の経営のプロを過半とすること、②組合利用の利用強制の排除、③地域生協や株式会社への組織変更の可能性などを提言している。

　もちろん、営農指導、販売・購買事業、信用・共済事業に関する組合員の不満はあるが、本来、こうした組合員の不満は、民間団体としてJAの自己改革として改革を進めるべき問

題である。今回の改革の異常さは、本来民間団体であるJAに対して、その組織体制、経営戦略、事業内容にまで踏み込み、外から強権的な改革を強制している点にある。そこには地域インフラとしての相互扶助組織としての協同組合視点が欠如しており、経営としての効率性・営利性のみを求める事業協同組合への純化が志向されている点にその特徴がある。こうした中央集権的強制的性格は、JAの「自己改革」を規制改革会議が3年後に再点検し、評価するという統制主義的手法としても発現している。TPP頓挫を契機に、こうした外部からの改革体質を見直し、ボトムアップ型の自己改革方式への変更が求められよう。

2) JA自己改革の方向と課題

　上記の強権的改革要求に対し、JAは表1-3に見るような自己改革方針を打ち出している。以下、簡単にその方向性を確認しよう。

　JA全国大会の3本の柱は、「持続可能な農業の実現」と「豊かで暮らしやすい地域社会の実現」を車の両輪とし、そうした目標実現に向けて協同組合としての役割を十分発揮するため、「創造的自己改革」に集中的に取り組むとするものである。外からの改革要求を、自己改革への取り組みとして取り込んだ形だ。

　外部からの改革要求に対応する形で、9つの自己改革重点分野を掲げると共に、特に農業所得の増大・生産の拡大

表1-3　JA自己改革方針の概要

第27回ＪＡ大会の3本の柱
1, 持続可能な農業の実現
2, 豊かで暮らしやすい地域社会の実現
3, 協同組合としての役割の発揮

ＪＡ自己改革重点実施分野（9分野　最重点6分野★）
★1, 担い手のニーズに応える個別対応（担い手サポートセンター）
★2, マーケットイン方式に基づく生産・販売事業方式への転換
★3, 付加価値の増大と新たな需要開拓への挑戦
★4, 生産資材価格の引き下げと低コスト生産技術の確立と普及
★5, 新たな担い手の育成や担い手のレベルアップ対策
★6, 営農・経済事業への経営資源のシフト
7, ＪＡ事業を通じた生活インフラ機能の発揮
ＪＡくらしの活動を通じた地域コミュニティの活性化
8, 正・准組合員のメンバーシップの強化
9, 准組合員の「農」に基づくメンバーシップの強化

注　JA全国中央会「創造的自己改革への挑戦」（第27回大会概要）より制作

に寄与する6分野を最重点分野として位置づけている。第1は、担い手サポートセンターの設立等による担い手ニーズに対応した分野横断的個別相談システムの確立である。組合員の上位20％に農業生産の約8割が集中している現実を見据えながら、担い手重視の組合運営が志向されている。第2は、マーケットイン方式への生産・販売事業方式への転換であり、市場流通から流通革命下で進行する契約・直接取引への拡大戦略である。第3は、付加価値の増大と新たな需要開拓への挑戦であり、農業の6次産業化や農商工連携の促進と組織的農産物輸出戦略への取り組みである。第4は、生産資材価格の引き下げと低コスト生産技術確立への取り組みである。他業態との競争関係を意識すると共に、大口利用者への優遇措置等が検討されている。第5は、世代交代期に対応した新たな担い手の育成や担い手のレベルアップ対策で

ある。新規就農者の確保や集落営農等の組織化の推進、およびJA出資法人等の直接的生産補完体制の確立が課題となっている。第6は、営農・経済事業への経営資源のシフトである。部門間の横連携を強めつつ、組合員のもとへ出向く体制の強化を図り、組合員の要求の強い営農・経済事業の組織的強化を目指すとするものである。栃木県では平成28年に担い手サポートセンターが設立され、農業者懇談会等の担い手組織と協定書をむすぶと共に、焦点となっている経済事業改革においても「1円でも高く、1円でも安く」を合い言葉に、その具体化が進行途上にある。

　以上、JA改革の動向を概観してきたが、外からのJA改革要求が、営農指導・経済事業に集中化している点に対応して、重点化項目もそれに答えた形だ。特に、相互扶助を原則とするJAにおいて、担い手重視・効率重視へ舵を切った形だ。地域協同組合という性格が背景に退くと共に、平等を原則とする組合運営において、組合員差別化による自己解体の恐れなしとしない。世代交代期に直面するJAにおいて、准組合員を含めた参加・協働のあり方が問われているといえる。また、効率・事業重視の組合運営において、共益や協働組織としての非営利性が解体する恐れなしとしない。加えて、組合間協同・地域間協同が背景に退き、関連企業との連携競争へと舵を切っており、巨大な量販店や加工資本等の下請化する危険がある。世代交代期における組合員のＪＡ離れを抑制しつつ、消費者や地場資本と結びついた下からのネットワーク作りや組織間連携づくりの戦略化が課題となっている。

4. 栃木県農業振興の課題と本報告書の構成

　農業を取り巻く環境として、農政改革の動向と栃木県振興計画、JA改革の動向を概観してきたが、30年問題といわれる国の米生産調整配分廃止を間近に控え、農業を取り巻く環境は厳しさを増している。

　本書では、こうした農業をめぐる環境変化を背景に、栃木県における農業振興の方向性を実態的に検討することが課題である。本書は、現状把握、主要3部門の動向と課題、付加価値型販売戦略、定住型地域振興方策の4本柱で構成される。

　検討に当たっては、まず第1に、栃木県農業の現状を統計的に確認すると共に、人口減少社会への移行が栃木県農業に及ぼす影響を検討する（第2章）。

　第2に、栃木県農業の主要部門である、土地利用型農業（第3章）、畜産経営の動向と飼料基盤（第4章）、躍進が期待される園芸農業（第5章）の到達点と課題を検討する。

　第3に、マーケットイン型への販売戦略と付加価値型農業への転換を目指して、栃木県における地産地消や6次次化産業への取り組み（第6章）、付加価値型農業への転換の課題（第7章）、および、農産物輸出の現状と輸出戦略（第8章）について検討する。

　第4に、人口減少下の地域振興と定住社会確保へ向けて、主に中山間地対策を念頭に、木材バイオマスを活用した地域振興の現状と課題（第9章）、鳥獣害対策への取り組みと

定住社会維持への取り組み（第10章）、地域特産物振興を念頭に、伝統的特産物を活用した地域振興方策の現状と課題（第11章）を検討する。

　第5に、以上の検討を下に、栃木県農業振興の方向性（第12章）について、特に柱となる園芸部門を念頭に、若干の提言的な方向性を検討する。

参考文献 ─────────────
［1］谷口信和編集代表『日本農業年報61アベノミクス農政の行方』農林統計協会、2015
［2］栃木県『栃木県農業振興計画2016-2020　栃木農業"進化"躍進プラン』栃木県、2016
［3］　規制改革会議農業ワーキンググループ審議会資料（内閣府）
［4］第27回JA全国大会決議「創造的自己改革への挑戦」JA全国中央会、2016

第 2 章

栃木県農業生産の
現状と展望

児 玉　剛 史

1. はじめに

本章では栃木県の農業生産の現状について経済学の視点からアプローチしていく。経済分析においては「生産」というアウトプットと「資本」「労働」というインプットの関係が重要になってくる。このことは個別農家というミクロ的視点においてもそうであるが（たとえば西村[1]を参照）、県や国といったある程度の集合体として考えるマクロ的視点においても同様である（たとえば齋藤誠[2]を参照）。特に今後の展開を論じるにあたっては後者の視点が重要になってくる。すなわち栃木県全体としてどのような「資本形成」がなされてきたかを把握すること、および栃木県全体で「労働力」がどのように推移していくかについて展望を行うことである。

そこで本章では「生産」「資本」「労働」の順に栃木県の特徴を把握し、それらを踏まえて、今後の展望を行っていくこととする。

具体的には、次節で1960年以降の農業産出額のランキングの変動をもとに栃木県の農業の「生産」の変遷を把握する。次に県の経済全体の「資本形成」について投入・産出額をもとに推察していく。特に農業の位置づけを全国平均と比較しながら明らかにすることとする。さらに農業生産の基盤の動向について部門ごとに見ていくことで「資本」の変動を推察していく。最後に人口変動について概観しそして最後にこれらを踏まえて小括を行っていく。

2. 栃木県の「生産」の概要

日本においては各県で風土が異なり、独自の食文化を形成するなど都道府県の格差が生じている。また、「餃子の消費ランキング」「イチゴ生産ランキング」などを都市別あるいは都道府県別で競うなど、県単位での競争も日本の特徴の一つといえる。

本節では栃木県の農業生産の長期的な変動の特徴を見るため、1960年以降の10年ごとの順位変動をみて栃木県における「生産」の特徴を明らかにしていく。表2-1には都道府県別の順位を示した。なお沖縄県については1970年以前のデータがないので、1980年以降のみで考慮している。すなわち1970年以前は46都道府県、1980年以降は47都道府県でのランキングになっている。

資料の掲載は割愛するが、まず、概観すると1960年以降、2010年までの期間において農業産出額計で1位になっているのは北海道、つづいて茨城、千葉の順でおおむね上位に

表2-1 栃木県の農業産出額の都道府県別ランキング

	農業産出額	米	麦類	野菜	肉用牛	乳用牛	豚
1960	12	12	6	12	—	—	—
1970	14	11	2	13	27	12	—
1980	12	7	2	12	9	6	17
1990	14	8	3	13	8	4	14
2000	11	8	4	11	6	2	11
2010	10	9	3	8	8	2	9

註：生産農業所得統計より作成

変動はない。ただし2015年では鹿児島が3位になっている。特に北海道はバランス良く生産しており、突出した生産額となっている。特に乳用牛は1960年以降1位になっている。

さて栃木県の順位についてだが、農業産出額計だと12位から10位へとわずかに順位を上げている。その内訳をみると、全体的に順位を上げている部門が多い。

特に畜産で大きな順位変動がみられる。1970年までは肉用牛は27位、乳用牛は12位であったが、1980年にはそれぞれ9位と6位と大幅な順位上昇となっており、この間に大きな構造変化があったことが推察される。また、豚についても1980年の17位から2010年には9位と順位を上げている。また、乳用牛は2000年以降2位となっており、本県の農業生産の一つの大きな特徴となっている。

ランキングの変動からみえてくる栃木県の農業生産の特徴は麦を主体とした耕種生産が得意であったところに、その後、肉用牛生産、乳用牛生産の他県に対する優位性を高めて現在の農業生産が形成されているということである。また、イチゴやトマトなどの生産が盛んなイメージのある栃木県であるが、野菜生産額については、1990年までは順位を上げることなく、その後2000年、2010年と順位を上げてきている。

3. 栃木県農業の「資本形成」に関する考察

1) 栃木県の農業全体の動向

　Piketty[3]では様々な角度から先進各国の資本形成について分析している。日本は先進国の中でも非常に高い国民所得を誇っている。その分析の中で、欧米諸国について、各資本量を土地に帰属する価値として、国民所得で除した値を1870年以降の長期にわたり算出している。これによると1870年当時ヨーロッパでは国民所得の3～5倍、新大陸で2倍程度の農地資本を有しており、国の総資本の半分からそれ以上を占めていた。それが2010年には国民所得の1割にも満たない数値になっており、総資本に占める割合も大きく減少している。

　これは日本にも当てはまるものと推察できる。すなわち日本人一人当たりにしても、日本の国土としても農地という資本は長期的には激減してきている。これはそのまま農地面積の減少を意味するのではない。むしろ経済価値を創造するものとして、農地面積当たりの資本価値が大きく減少してきたためと考えられる。このような全体的な大きな流れの中で栃木県はどのような特徴を示しているのだろうか。全国平均との比較から明らかにしていく。

　栃木県の農業の「生産」および「資本」「労働」を相対的に評価する目的で表2-2を作成した。さらにその値と比較する目的で全国の同様の値を表2-3に提示する。

表 2-2　栃木県の経済評価

	農業/総生産	農業/製造	農生産/投入	生産/投入	農就業/就業	農業/農業就業	生産/就業
2006	0.020	0.051	1.005	0.852	0.064	2.218	7.122
2007	0.019	0.049	0.912	0.800	0.062	2.217	7.274
2008	0.020	0.055	0.844	0.816	0.061	2.263	7.075
2009	0.019	0.055	0.837	0.855	0.060	2.263	7.067
2010	0.020	0.055	0.973	0.858	0.057	2.535	7.291
2011	0.021	0.060	0.972	0.898	0.056	2.708	7.224
2012	0.023	0.066	1.068	0.929	0.055	3.025	7.133
2013	0.020	0.051	0.949	0.903	0.052	2.853	7.445

註：県民経済計算の値を利用し導出した

表 2-3　全国の経済評価

	農業/総生産	農業/製造	農生産/投入	生産/投入	農就業/就業	農業/農業就業	生産/就業
2006	0.012	0.052	0.925	1.046	0.055	1.636	7.530
2007	0.011	0.050	0.874	1.025	0.055	1.574	7.586
2008	0.012	0.057	0.854	1.019	0.055	1.600	7.245
2009	0.012	0.060	0.859	1.078	0.053	1.590	7.030
2010	0.012	0.058	0.893	1.077	0.052	1.657	7.184
2011	0.012	0.057	0.876	1.065	0.051	1.688	7.276
2012	0.012	0.060	0.892	1.069	0.050	1.775	7.266
2013	0.012	0.057	0.863	1.042	0.050	1.771	7.428

註：国民経済計算の値を利用し導出した

　まず一番左の列は県内総生産に占める農業総生産の割合である。概ね2％程度で推移していることが分かる。これと比較して国内総生産に占める農業総生産の値は1.2％となっており、全国平均と比較して高い値となっており、県民経済において農業生産が貢献する割合が比較的高いことが分かる。

　次の列には製造業と農業の生産額の比を示している。この値については全国との差は小さくなっている。

　次に農業の総生産額を投入額で除した値をしめした。この値はほぼ1に近い値となっており、投入額とほぼ同等の付

加価値を農業分野で生産していることが分かる。この値は全国と比較して、わずかながら高い傾向がみられる。

　同様の値を経済全体でみたものが次の列である。経済全体でみると全国と比較して低くなっており、投入から派生する付加価値は栃木県の方が低くなっている。

　さらに就業者数の特徴についてであるが、全就業者数に占める農業就業者数は2006年には6％を超えていたが、徐々に減少し2013年には5％程度となって、全国とほぼ同様の水準に近づいている。

　次に農業就業者一人当たりの農業総生産額を導出した。その結果、栃木県は一人あたりの農業総生産額は全国を大きく上回る結果となった。同様に県内総生産の一人当たりについても最後の列に提示している。一人当たりにすると、ほぼ同水準となっている。

　このことから栃木県は農業生産については全国と比較して、県内経済への貢献が高く、他の都道府県と比較しても優位な状態にある。

2) 個別品目別の動向

2-1) コメの「生産」と「資本」

　本項では近年の米麦類の「生産」として産出額、「資本」として耕地面積の動向について見ていく。

　まず、産出額についてであるが、2010年以降については増減があり、明確な傾向は見られない。米麦類内の割合とし

表 2-4 米麦の産出額

	2010	2011	2012	2013	2014
米	643	797	832	685	467
麦類	42	36	36	43	27
豆類	12	9	8	10	10
米麦計	697	842	876	738	504

註：生産農業所得統計より作成。単位は億円。

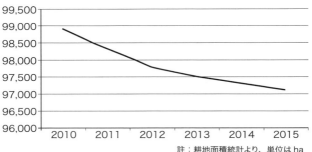

図 2-1　田の耕地面積

註：耕地面積統計より、単位は ha

ては米が9割を超えている。

　次にその生産基盤としての田の耕地面積を見てみると、こちらはなだらかな減少傾向がみられる。2010年と比較して2015年には1.8％の減少となっている。

2-2) 園芸農業の動向

　次に園芸についてであるが、その産出額を表2－5に示す。こちらについても明確な傾向は見られない。ただし、野菜の

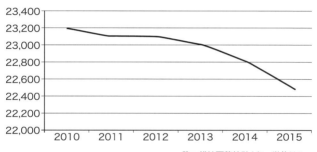

表 2-5 園芸の産出額

	2010	2011	2012	2013	2014
野菜	789	776	815	810	803
果実	98	90	94	73	87
花卉	68	64	66	66	66
園芸計	955	930	975	949	956

註：生産農業所得統計より作成。単位は億円。

図 2-2 普通畑の耕地面積

註：耕地面積統計より、単位は ha

産出額は米のそれとほぼ同等か上回る勢いである。

次に普通畑の耕地面積を図2−2に提示した。2010年と比較して、普通畑で3％、果樹園で8％の減少となっている。田と比較すると比較的大きな減少率となっている。

2-3) 畜産農業の動向

次に畜産の動向についてであるが、まず、産出額について表2−6に提示した。畜産分野については2010から2011年

表 2-6 畜産の産出額

	2010	2011	2012	2013	2014
肉用牛	170	146	178	187	200
乳用牛	330	324	356	356	366
豚	225	231	233	261	271
鶏	126	134	118	149	151
畜産計	853	837	887	955	990

註：生産農業所得統計より作成。単位は億円。

で多少落ちてはいるが、全体を通すといずれも増加傾向にあるといえる。乳牛がもっとも高い産出額となっており、続いて豚、肉牛、鶏の順になっている。伸び率でみると豚が最も高く20％程度の伸びをみせている。続いて鶏、肉牛、乳牛の順になっている。

次に生産基盤として畜産の農家戸数と飼養等数を表2-7、2-8に提示した。農家戸数は減少傾向が強く、近年（2011〜14年）でみると、乳用牛、豚、鶏、肉牛の順で減少率が高くなっており、概ね1割程度の減少となっている。また、飼養頭数はほぼ横ばいとなっている。

これを踏まえ、表2-9に一人当たり飼養頭数を提示した。その伸び率は乳用牛、豚、鶏の順で、それぞれ14％、13％、10％となっている。なお肉牛についてはマイナスになっている。

畜産部門では一人当たり飼養頭数を増やすことで、生産性を保っている。

第 2 章

表 2-7　畜産の農家戸数

	1985	2010	2011	2012	2013	2014	2015
乳用牛	2,240	998	949	922	876	872	790
肉用牛	5,320	1,360	1,240	1,170	1,160	1,160	989
豚	2,020		154	150	142	136	
鶏(鶏卵)	1,530		79	74	72	71	

註：畜産統計より作成

表 2-8　畜産の飼養頭数

	1985	2010	2011	2012	2013	2014	2015
乳用牛	66,000	53,900	53,000	53,000	53,500	52,900	53,500
肉用牛	86,000	99,100	94,200	92,900	91,800	87,900	82,700
豚	302,600		391,100	385,300	395,900	393,200	
鶏(鶏卵)	2,697		3,016	2,979	3,077	2,989	

註：畜産統計より作成

表 2-9　畜産の一戸当たり飼養頭数

	1985	2010	2011	2012	2013	2014	2015
乳用牛	26.6	54	55.8	57.5	61.1	64	67.7
肉用牛	16.2	72.9	76	79.4	79.1	75.8	83.6
豚	149.8		2,539.60	2,568.70	2,788.00	2,891.20	
鶏(鶏卵)	1.8		38.2	40.3	42.7	42.1	

註：畜産統計より作成

4. 栃木県の「労働力」の動向

1) 栃木県における人口変動の動向

　本節では「労働」の変動を把握する目的で、まず県民の総人口の変動の特徴についてまとめる。その次に農業就業人口割合などの動向も加味して、農業生産における「労働力」の展開について考察を行っていく。

　日本では人口減少の局面をむかえ、それによる経済、社会制度など、様々な影響が懸念される。特に中山間地や、農村での人口減少は深刻な問題となる可能性が高く、その対策が進められている。一方、栃木県は首都圏へのアクセスが良く、近郊農業など比較的農業が盛んな県と考えられている。

　まず、日本全体として人口減少の局面をむかえているということを前提として考える必要がある。総数が減少する中で、各都道府県が人口増加を目的にすると競合関係になる。県境にとらわれ過ぎず、協調関係を見出すことも国全体としては重要となる。そのためには国としても、協調関係を促進する様な施策の展開も必要と考える。

　さて、栃木県の人口変動であるが全国と栃木県の人口変動を比較する目的で変化率を導出し、図2-3に提示した。1980年から90年代後半にかけて栃木県は全国平均を上回る人口の増加率となっている。しかしながら、2000年代に入り全国平均より低い増加率となり、中盤から後半にかけて全

第 2 章

国より早く減少しはじめ、その減少率は全国平均より高い傾向になっている。

　経済産業省が作成した報告書(「栃木県の地域経済分析」)によると、栃木県は「1960年〜1970年は、出生による年間1〜1.5万人程度の自然増があり、平均1万人程度の人口流出があったものの、人口は増加していた。更に、1970年以降は人口流入が続き、人口が増加した。一方で、2004年以降、自然減に転じたため、人口が減少している。」としている。さらに同報告書の図から、自然減に先立って、2000年以降社会減の傾向がみられる。しかし、その値は低い減少数にとどまっている。その一方で、遅れて自然減が始まり、その後比較的高い減少数を示していることが見て取れる。

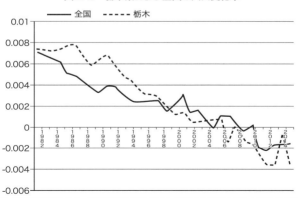

図 2-3　栃木県および全国の人口変化率

註：総務省統計局のデータおよび栃木県「住民基本台帳に基づく栃木県の人口及び世帯数」より作成。当該年から前年の値を引き、それを前年の値で割って導出。

2）栃木県の人口減少予測

本項では1981年以降の人口データを使って、栃木および全国の人口変動をとらえるモデルの構築を行う。モデルの構築には自己回帰分析を利用した。さらに変数としては人口そのもののデータを使ったものと、人口の変化率を使ったものの比較も行った。分析方法の詳細についてはたとえばWooldridge[4]等を参照されたい。

分析の結果人口ベースだとこの期間の増加傾向の強さから、将来増加を予測する結果となり、一般的な人口予測から考えて不適切であるといえる。よって変化率ベースのモデルが適切と判断した。

変化率ベースの人口変動モデルを利用して、人口予測を行った。その結果を以下に示す。

このモデルだと減少傾向がみられるが、経済産業省（2010）の18％減の予測より、やや控えめの14.5％減の推定結果となった。

また、栃木の方が全国平均より高い減少率を示す結果となった。現状のままの変化を続けると、変化率の高さがマイ

表2-10　人口減少率予測

	栃　　木	全　　国
2015	0	0
2020	-0.0210	-0.0054
2030	-0.0724	-0.0098
2040	-0.1326	-0.0105

註:推定モデルの結果を利用し、予測値を導出している。

ナス局面に入り大きな効果となる可能性がある。

3) 人口減少が栃木県の農業生産に与える影響の考察

本節では前章の分析結果および農業センサスのデータを利用して、農業に関する人口に与える影響を予測する。表2-11には2010年および2015年の農業に関する人口及び総人口に占める割合を提示している。

総人口に占める割合はいずれも一割を切る値となっており、また、その割合は減少傾向にある。

これらの結果から農業に関する人口を予測すると、減少率の最も小さい基幹的農業従事者数であっても2030年には23856人と半減すると予測される。総人口減にさらに農業人口割合の減が掛け合わさって、大きな減少の可能性が指摘できる。現状の農業生産を維持するためには大きな変革が必要になる。

表2-11 栃木県における農業に関する人口および総人口に占める割合

		農業従事者数	農業就業人口	基幹的農業従事者数	総人口
人口	2010	139621	79881	62600	2003954
	2015	106080	61971	52914	1980414
割合	2010	0.070	0.040	0.031	1.000
	2015	0.054	0.031	0.027	1.000

註:農業センサスおよび栃木県「住民基本台帳に基づく栃木県の人口及び世帯数」より作成

4. 小括

本章では農業生産に「生産」「資本」「労働」の側面からアプローチし、栃木の農業生産の特徴を明らかにすることで今後の展望を行うことを目的としてきた。以下に明らかになったことを示す。

栃木県の農業「生産」は1970年代以降特に畜産部門において、他県に対し相対的な優位性を向上させてきた。そのため農業就業人口一人当たりの創造する付加価値も高く、また、低投入の割に、高い価値の創造ができるような「資本形成」がなされてきたものと推察できる。

個別に見ていくと、すべての分野で物質的な「資本」は減少傾向にあることが見て取れる。そんな中、米麦で「生産」の減少が進んでいる傾向がある一方で、野菜などの園芸、畜産部門で「労働」当たりの生産効率を上昇させることで、「生産」を成長させている傾向が見て取れる。

最後に全国的な人口減少の傾向の中、栃木県は全国平均よりも早いスピードでその現象が進むことが予測されている。また、その中でも、農業分野における「労働力」の確保は今後ますます厳しいものとなると推察される。

「労働力」の問題がわが県をはじめ、農業先進県において、重要な問題となってくるであろう。そのため、少ない人数でより効率的に生産する様な技術や経営の進歩が必要になってくる。また、農業「労働力」の確保のための大きな改革的な政策も必要になってくる可能性がある。

参考文献
[1] 西村和雄「第6章　企業行動と生産関数」『ミクロ経済学』岩波書店, 1996, pp.83-98
[2] 齋藤誠　他,「第11章　閉鎖経済の長期モデル　資本蓄積と技術進歩」,『マクロ経済学』,有斐閣, 2010, pp.347-387
[3] Piketty, T., The dynamics of capital, Capital in the twenty-first century Harvard, 2014, pp.113-234
[4] Wooldridge,J.M., Introductory Econometrics: A Modern Approach, South-Western,2005　0

第 3 章

栃木県における水田農業の現状と展望

安 藤　益 夫

1. 栃木県における水田農業の担い手

1) 担い手の形態

　本章では、水田農業の担い手の現状を把握するとともに、農林水産省の推進する「水田フル活用」に相応しい地域営農システムの構築に向けた課題と方策について述べる。

　今日の日本農業の起点を第2次大戦後とするならば、農地改革によって創設された1ha程度の自作農経営がその出発点となる。周知の通り、農地改革によって戦前の寄生地主制の下で搾取されていた小作農が解放され、農地所有を契機として自らが耕作者かつ経営者として自由に経営活動ができる体制が確立した。まさに「所有は砂を化して黄金となす」の言葉通り、所有者＝労働者＝経営者の三位一体となった自作農民の増産意欲は高揚した。農村社会も従来の地主を頂点としたヒエラルヒッシュで封建的な構造から、1ha前後の均質な経営規模の農家によって構成されるフラットで民主的な社会構造へと変化した。それゆえに、農地改革から1960年までの農家・農村は、ある意味、最も活気に満ち輝いていた時期と言っても過言ではない。ところが、池田内閣の『所得倍増計画』に端を発する高度経済成長は、日本の農業・農村に大きなインパクトを与えた。1961年に制定された「農業基本法」は、そうした日本経済の躍進に対応した新たな農業構造の改善方向を明示したものであった。すなわち、所得増加に伴う農産物の需要変化に対応して、畜産・野菜・

果樹部門への選択的拡大、また水田農業については基盤整備事業を契機とした稲作生産性の向上が推進され、農業従事者も他産業従事者と均衡する生活が営める「自立経営」の育成を目指した。当時の農政当局としては、経済成長に伴う農業労働力の農外流出によって離農が加速され、その一方で規模拡大による専業農家の形成を想定していた。たしかに、畜産や施設園芸部門では専作化による規模拡大が実現し、政策シナリオ通りに事態は進んだ。しかし、水田農業については、農地の資産的保有や兼業就業の不安定性さらには政策米価の底支えも相俟って、兼業農家が滞留し、農地の所有権はおろか利用権の流動化も遅々として進まなかった。農地改革によって形成された均質的農業経営構造が本格的に変化するのは1980年代以降であった。兼業深化に加え、高齢化の進行によって、利用権レベルの農地流動化が加速し、全国各地に大規模借地経営が出現した。いわば、農業労働力の質的・量的弱体化によって農業内部から均質的農家が分化・分解せざるを得なくなったのである。

　こうした農業構造の変化に即応した新たな農政指針として、1992年には「新しい食料・農業・農村政策」（略称「新政策」）が制定された。そこでのキーワードは『効率的・安定的経営体』の育成であり、その具体的形態として「個別経営体」と「組織経営体」の2類型が想定された。前者は個別家族経営体の規模拡大を通じた10〜20ha規模の経営体、後者は多数の稲作農家の組織化によって地域農業の基幹を担う経営体であり、それぞれ15万と2万程度の経営体を育

成することが明記された。この「新政策」の目標が現実的であったか否かは議論のあるところであるが、戦後自作農体制が崩壊しつつある状況の中で、将来の水田農業の担い手像を明示し、政策的支援対象を明確にした点は評価できる。そして、この理念と方向は、その後の「認定農業者」制度の創設、さらには1999年の『食料・農業・農村基本法』の礎となっている。

　以上の経緯を踏まえて、今後の水田農業の担い手を展望すれば、一つは家族経営を主体として経営規模を拡大する個別経営体、もう一つは家族経営の組織化による経営単位の拡大、の二つの形態に収斂されている。なお、後者については1999年の『食料・農業・農村基本法』（第28条）において「集落を基礎とした農業者の組織、その他の農業生産活動を共同して行う農業者の組織、委託を受けて農作業を行う組織等の活動の促進に必要な施策を講ずる」と明記されたことによって、組織経営体の具体的一形態として集落営農が推進されている。そこで、以下では栃木県における個別家族経営の規模拡大の動向及び集落営農の現状について確認しよう。

2) 栃木県における個別経営の規模拡大動向

　まず、近年における個別経営体の規模拡大動向を農業センサスによって確認しておきたい。図3－1は20ha以上の経営面積規模の経営体数の推移を、2005年から5年間隔で

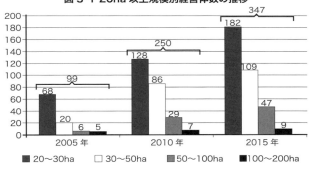

図 3-1 20ha 以上規模別経営体数の推移

出典：各年次農業センサス

示したものである。当該経営体の中には法人化した集落営農も含まれているので、純然たる個別（家族）経営体数とは言えないが、そのおおかたが個別経営体であることを踏まえると、上図をもって個別拡大型経営体の動向と見做しても大過ないと思われる。これによると、2005年時点で栃木県には20ha以上の経営体は99に過ぎなかったものが、2010年には250、2015年には347経営体へと、この10年間で約3.5倍にも増加した。この中身を面積規模別にさらに詳しく見ると、20～30ha層は68（2005年）から182経営体（2015年）への約3倍弱に過ぎないのに対して、30～50ha層は、20から109経営体へと5倍強、50～100ha層に至っては、数は少ないものの、6から47経営体へと8倍弱の増加率を示している。つまり、規模拡大の動向は規模の大きい階層ほど増加率が高いことがうかがえる。これまで日本農業を担ってきた昭和一桁世代のリタイアが本格化することによって、農地供給

が急増し個別経営体の大規模化が加速されていると推察できる。まさに、1961年の農業基本法以降、農政当局が想定した事態が、50年後に現実となってきたわけである。なお、2015年における20ha以上の経営体の分布をみると、小山市をはじめ宇都宮市・那須塩原市・真岡市・栃木市などの平坦水田地帯を擁する地域に数多く存在していることも合わせて指摘しておきたい。

3）栃木県における集落営農の動向と特徴

次に、集落営農の設立状況を確認しよう。図3－2によると、栃木県における近年の集落営農組織は190前後で推移しており、平成23年以降は任意組織の法人化などによって、法人の構成比率が徐々に上昇している。任意と法人の合わせた組織総数は増加傾向にあるももの、上述の個別経営体

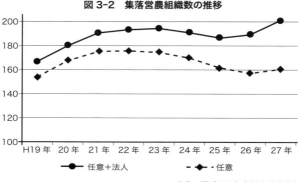

図3-2　集落営農組織数の推移

出典：平成28年度栃木県農業白書

における20〜30ha層の3倍、30〜50ha層の5倍の増加率に比べれば、集落営農は微増と言わざるを得ない。関東平野の北端に位置する栃木県は、農地基盤条件に恵まれているとともに、経営規模が元々大きいゆえに、他県に比べて個別主体の展開力に期待できることが背景にあるものと思われる。

ところで、集落営農は1999年の『食料・農業・農村基本法』において公式に認知されたが、その定義は「集落を基礎とした農業者の組織、その他の農業生産活動を共同して行う農業者の組織、委託を受けて農作業を行う組織」（同法28条）と曖昧である。そのため、集落営農と言っても、組織化や共同活動の内容には個別性の強いものから共同経営に近い組織に至るまで、極めて多種多様な展開が見られる。そこで、栃木県の集落営農の内容について、若干掘り下げて考察しよう[1]。その際、地域条件が対照的な広島県との比較を通じて、本県における集落営農の特徴を浮き彫りにしたい。

表3−1によると、集落営農が基盤としている集落の総農家数に占める構成農家割合が80％以上の集落営農、所謂「集落ぐるみ」型集落営農の割合は、広島県では7割を超えているのに対して、栃木県はわずか6.3％と1割にも満たない。これは全国及び関東東山地域に比べてもきわめて低い水準である。さらにこれと関連して、集落内の総耕地面積に占める集積面積割合が80％以上の集落営農は、広島県の38.1％に対して、栃木県は全国平均レベル並みの19.6％と低くなっている。こうしたデータから栃木県における集落営農

表 3-1 栃木県における集落営農の特徴

(数字はすべて%)

	構成農家数割合80%以上	集積面積割合80%以上	主たる従事者なし	認定農業者参加	経営所得安定対策加入	中心経営体
全　国	42.3	19.6	18.5	62.5	69.7	50.2
関東東山	20.6	13.4	6.8	74.4	81.4	58.1
栃　木	6.3	19.6	1.0	78.6	93.3	68.3
広　島	72.2	38.1	51.2	26.6	45.5	24.4

出典：H28年度集落営農実態調査報告書

は、集落を基盤としているとは言え、「集落」社会と「営農」組織との間に一定の距離ないし乖離がうかがえる。他方、広島県の場合は、集落農家全戸参加を基本とする文字通りの「集落ぐるみ」型で、「集落」社会と「営農」組織は一体的かつ密接である。担い手の賦存状況については、高齢化・過疎化の著しい広島県では、主たる従事者がいない集落営農が51.2%と半数以上という厳しい現実が垣間見えるのに対して、関東有数の農業県である栃木県はわずか1%に過ぎず、全国及び関東東山地域に比べても格段に低い。したがって、本県では集落営農の担い手不足は当面心配なさそうである。これと表裏の関係として、認定農業者の参加している集落営農は、栃木県は全国及び関東東山地域をも凌ぐ78.6%と高率であるのに対して、広島県では26.6%と低い。また、集落営農と農業政策との関連を、経営所得安定対策への加入割合及び人・農地プランにおいて中心経営体として位置づけられている割合でみると、広島県の低率（45.5%と

第 3 章

24.4％）とは対照的に、栃木県はそれぞれ93.3％と68.3％と高率で、両者とも全国・関東東山地域を上回っている。特に、経営所得安定対策への高加入率が注目される。この栃木県における集落営農と農業政策との密接性は、設立時期にも色濃く反映されている。図3-3は、設立年次別に集落営農組織の構成割合を見たものである。栃木県は、全国に比べて平成16年以降に設立された集落営農の構成比率が91％と圧倒的に高く、本県の集落営農組織はここ10年間に設立されたと言っても過言ではない。この背景には、平成19年に経営所得安定対策において、一定規模以上の集落営農組織が補助金の対象となったことと深く関連する。すなわち、補助金が集落営農設立の呼び水となったことは容易に想像できる。

　一方、栃木県と対照をなすのが広島県である。1970年代後半から既に高齢化・過疎化の著しい中山間地域を抱えた広島県では、昭和57年の『80年代の農政の基本方向』や系統農協による「地域営農集団」の推進に呼応する形で、地域農業再編の中核としての集落営農に注目し、積極的に育成を図ってきた。その結果が、図3-3に端的に表れているように、現集落営農組織数の42％が昭和58年以前に結成されたものである。この両県の対照性は、個別家族経営の展開力ないしは主体的力量の違いに起因するものと思われる。すなわち、農地基盤条件や経営規模に面で相対的に恵まれた栃木県においては、集落営農よりはむしろ、個別展開による経済的自立志向が強いのに対し、広島県では高齢・過疎化による

図 3-3　設立年次別集落営農構成割合

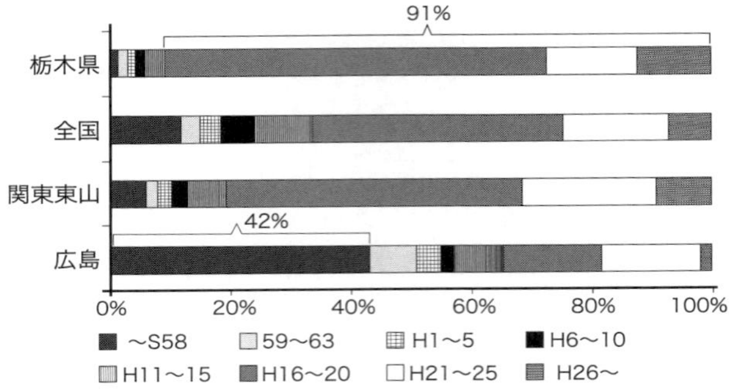
91%
栃木県
全国
関東東山
42%
広島
0%
20%
40%
60%
80%
100%
～S58
59～63
H1～5
H6～10
H11～15
H16～20
H21～25
H26～

出典：H28 年度集落営農実態調査報告書

労働力の質的・量的脆弱化に加えて、棚田に代表されるような過酷な農地基盤条件と零細な経営規模が相俟って、個別展開の可能性が小さいために、個別を結集させた集落営農に依存せざるを得なかったのである。いわば、苦肉の策としての集落営農とも言えよう。

以上の考察から、栃木県における集落営農の特徴は、広島県との比較を通じて次のように要約できる。まず、集落営農の前提となる農家構成の面で、広島県は家族経営の崩壊による担い手不在を契機とした設立であるのに対して、栃木県の場合は担い手の存在を前提とした設立であるという点に明確な違いがある。そして、この違いが集落営農の活動や特徴に違いを生み出すことになる。つまり、栃木県の場合は、経済的自立志向の個別家族経営が集落営農の中核を担う「担い手組織」型集落営農であるのに対して、広島県は、

従来の家族経営の枠内では農業生産のみならず農地保全もままならない状況ゆえに、「家」という単位を超えて集落社会全体で、すなわち全戸参加の集落「ぐるみ」型集落営農によって農業・農地を守ろうとしている。したがって、栃木県のような「担い手組織」型の場合は、担い手がそれぞれ個別にあるいは担い手グループとして、経済的自立をするための経営展開が集落営農活動の軸となるのに対し、一方の広島県のような「ぐるみ型」は、経営展開よりもむしろ、定住条件の確保や生活再建までも射程に入れた地域防衛に主眼をおいた集落営農という特徴をもつ。先に指摘したように、構成農家割合からみた「集落」社会と「営農」組織との乖離性と密接性の相違は、まさにこの「担い手組織」型と「ぐるみ」型との相違を象徴している。さらに、栃木県における集落営農と農業政策との密接性も、担い手の自立化のための補助金の活用という側面が強いことの反映と思われる。

2. 水田農業における個別規模拡大の課題

　前節では、水田農業における二つの主要な担い手形態（個別家族経営による規模拡大, 集落営農）の中でも、栃木県においては個別規模拡大の動きが活発で、近年では20～30ha層や30～50ha層の比較的規模の大きい経営体の増加率が高いことを指摘した。そこで本節では、個別規模拡大の制約とその克服について論じる。

　農水省は1982年に全国の大規模稲作経営（136戸）を対

象に、技術と経営に関する実態調査を実施した[2]。その結果は、今日においても今なお重要な示唆を含んでいる。図3-4は、水稲作付規模別の費用合計をプロットしたものである。5ha程度までは、確かに規模拡大すれば、生産費は急激に下がるものの、5haを超えるとその下がり方が鈍くなり、10ha前後で生産費の低下は限界となっている。この限界は、生産費の主要費目である減価償却費及び労働費低下の限界と関係が深い。図3-5では、10ha前後までは、減価償却費は急激に下がるものの、それを超えると下がり方が鈍い。それどころか上昇傾向すらうかがえる。 この背景には、①適期内に作業を完了させるには、田植機やコンバインの大型化・高

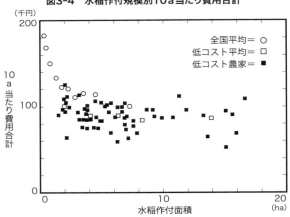

図3-4 水稲作付規模別10a当たり費用合計

註1）○は農林水産省米生産費調査農家の規模別平均値(1982年)
註2）■は農林水産省大臣官房技術調整室・農蚕園芸局農産課「低コスト稲作農家・組織の技術・経営に関する実態調査」対象農家(1982年)
出典：増渕隆一、下坪訓次、加藤明治、中山正義「大規模稲作農家の技術と経営」農研センター研究資料17、1989

第 3 章

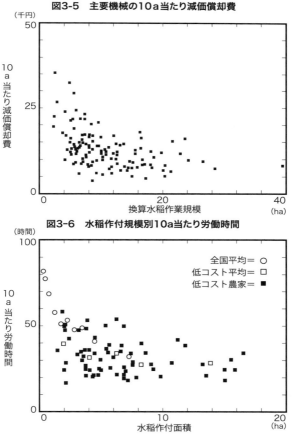

図3-5 主要機械の10a当たり減価償却費

図3-6 水稲作付規模別10a当たり労働時間

全国平均＝ ○
低コスト平均＝ □
低コスト農家＝ ■

註1) ○は農林水産省米生産費調査農家の規模別平均値(1982年)
註2) ■は農林水産省大臣官房技術調整室・農蚕園芸局農産課「低コスト稲作農家・組織の技術・経営に関する実態調査」対象農家(1982年)
出典：増渕隆一、下坪訓次、加藤明治、中山正義「大規模稲作農家の技術と経営」農研センター研究資料17、1989

性能化さらには複数保有の必要性、②多様な圃場条件に合わせた機械装備の必要性、③故障時に備えた予備的機械の必要性、などが上げられる。要するに、経営規模の拡大は機械の重装備化を求められるのである。労働時間についても、図3-6を見るとおり、5ha程度までは規模拡大によって急激に下がるものの、5haを超えると下がり方が鈍くなる。そして、10ha前後からは下がらなくなり、その下げ止まりの水準がおおよそ10a当たり20時間となっている。この20時間という水準は、1982年時点なので、その後の機械や肥料の技術改良によって、多少は減少しているが、劇的に減少しているわけではなく、現在の先進的大規模稲作経営ですら、15時間前後の水準にとどまっている。このように日本の稲作機械化は進展したとはいえ、アメリカ・カリフォルニアの稲作労働時間（わずか1時間程度）に比べると、依然隔絶した格差が厳存している。この格差の根源は、後に詳述するように、日本独特の機械化技術の特殊性と農地保有制度に由来するものであり、農家単独では到底克服できない外部的制約要因と言える。以下、その点を掘り下げよう。

先ず第1に、日本における稲作機械化技術の特殊性について。表3-2は、ある10ha規模の大規模稲作経営の作業別労働時間である。10a当たり労働時間は20.7時間で、上述の先進的稲作農家が到達可能な最低限の水準を実現している。ただ、ここで注目すべき点は「自走機による機械作業」つまり機械に乗って操作している時間がわずか2.4時間で、全体の1割程度に過ぎないということである。それに対して、草

表 3-2 機械の利用形態別労働時間

自走機による機械作業			固定式及び携帯式機械を用いた人力作業		
作業名	使用機械	所要時間	作業名	使用機械	所要時間
基肥散布	トラクター	0.31	種籾脱芒	脱芒機	0.07
	フリッカー		床土運搬・砕土	砕土機	1.55
耕起	トラクター	0.46	床土覆土・肥料	ミキサー	
代かき	トラクター	0.82	播種準備	播種機	0.39
植付け	田植機	0.46	播種機への覆土		
刈取り	自脱型コンバイン	0.35	水・農薬補充		
			育苗機への搬入		
			畦畔草刈り	草刈機	2.36
			追肥	動噴	0.86
			薬剤散布	動噴	1.16
			籾摺調整	籾摺機	1.16
				ライスグレイダー	
		2.4 (12%)			8.0 (39%)

自走機や軽トラックによる移動			人力のみの作業	
作業名	使用機械	所要時間	作業名	所要時間
耕起	トラクター移動	耕起に含む	塩水選・浸種	0.32
代かき	トラクター移動	代かきに含む	催芽機への搬入出	
苗運搬	軽トラック	0.17	ハウスへの苗出し	0.41
田植機移動	田植機		育苗ハウス管理	0.97
水管理・移動	軽トラック	3.48	代かき圃場の残幹拾い	0.30
コンバイン移動	コンバイン	0.33	苗の積込み	0.18
	トラック		苗補充・均平	0.96
籾積載運搬	軽トラック		空苗箱片付け	
	トレーラー		隅植・補植	0.78
籾ガラ処理	軽トラック	籾摺調整に含む	田の草刈り	0.47
			除草剤散布	0.36
			籾の袋取り	0.35
			隅刈り・コンバイン調整	0.49
			籾の積込み	0.07
			籾の乾燥機への張り込み	0.66
		3.98 (19%)		6.32 (31%)

出典：梅本雅「大規模稲作経営の将来像」JA全中、1993、pp34-35

刈機を背負いながらの人力による畦畔草刈りは2.36時間と機械作業時間にほぼ匹敵し、さらには水管理のための軽トラックでの圃場移動（3.48時間）及び苗や籾の搬出入作業などの純粋な人力作業（6.32時間）の占める労働時間の方が圧倒的な割合を占めている。とりわけ、畦畔草刈りは本圃周辺の作業であり、収量に直接影響するわけでもなく、しかも中山間地域では傾斜地での作業となり、労働の長時間化のみならず、労働強度も危険度も高い。このように稲作の機械化が進展したとは言え、作業体系全体としては依然として人力作業が多く残存しているために、必然的にそうした人力作業をも抱え込んだ形での規模拡大にならざるを得ず、早晩、省力化に限界を来たすことになる。要するに、稲作機械化の跛行性に由来する限界である。

　第2には、日本の農地保有の零細分散錯圃性による制約である。先にアメリカと日本のとの間の隔絶した労働時間格差を指摘したが、この背景の一つとして、圃場の団地的ないしは農場的土地利用が可能なアメリカに対して、日本は各農家の圃場は零細でしかも分散している点があげられる。一農家の自作地ですら数か所に分散している状況の中で、借地による規模拡大は、その分散の程度をより一層激化させる。その実相は、表3-3に端的に表れている。規模拡大にしたがって、圃場枚数が増加するとともに、自宅から離れた圃場での作業を余儀なくされる。こうした分散は、表3－2における自走機による効率的機械作業を阻害するだけでなく、自走機や軽トラックによる移動時間にも影響を及ぼす。さらに分

散に伴う圃場の遠距離化は、水管理や肥培管理の粗放化・省略化を招き、10a当たり単収の低下にもつながる。近年、100haを超える大規模稲作経営が出現しているが、彼らもこの圃場分散問題に直面し、現在でも大きな経営問題の一つとなっている[3]。

表3-3　面積階層別圃場条件

水稲作付面積階層	団地数	圃場枚数	自宅から団地までの平均距離	10km以上圃場割合	10aあたり水稲単収
10ha未満	5.6	71	3km	6%	534kg
10～15ha	4.6	75	3.1km	7%	528kg
15～20ha	5.3	148	3.8km	11%	499kg
20ha以上	7.9	131	6.7km	13%	482kg

出典：梅本雅「大規模稲作経営の将来像」JA全中、1993、p25より作成

　この規模拡大に伴う圃場分散問題は、日本の農地保有制度に由来するものであり、個別単独による経営努力だけでは到底解消できない。2015年より開始された中間管理機構による農地受委託斡旋は、この問題解決に向けた意義のある行政的支援策として一定程度評価できるものの、個別規模拡大経営が団地的ないしは農場的土地利用を実現するためには、JAによる支所単位での利用権調整や市町村を仲介とした集落営農組織との連携など、外部関係機関によるきめ細かな情報収集に基づく実効のある農地利用調整が求められる。

3. 集落営農を通じた日本型農場制営農システムの構築

1)「担い手組織」型集落営農の特徴

　圃場分散問題が個別規模拡大の最大の制約であるのに対して、地縁を基盤とする集落営農は、その制約をクリアーし得る有力な担い手形態の一つである。もっとも、集落営農の中には組織化の程度と内容に多様なバリエーションが見られ、構成農家の個別性の強いものから実質的な共同経営に至るまで区々である。そんな中、栃木県における集落営農は、広島県に代表されるような「集落」社会と「営農」組織が一体的な「ぐるみ」型とは対照的に、両者の間に一定の距離がある「担い手組織」型と特徴づけた。そこでは、「集落」社会を基盤としながらも、機械オペレータ等の担い手がそれぞれ個別にあるいはグループとして、経済的自立を目指すために集落営農活動が展開され、「集落」社会とは一線を画している。以下では、その典型的な先進事例を紹介し、その実相に迫りたい。

　栃木市南部に立地するM地区は6つの集落で構成され、いわゆる大字に相当する地区である。また、昭和30年代後半の第一次構造改善事業では、一つの土地改良区単位として実施されたことから一定の社会的まとまりのある地区と言える。総農家数81戸で、水田：88ha、畑：46haを有する田畑混合地帯である。水稲作を基幹作目としながらも、畜産やブドウ・ナシなどの集約的農業も盛んな地区である。平成17

年頃から高齢化・兼業化の進行に伴って地区内農地の荒廃が目立つようになり、集落営農説明会や全農家アンケート調査などを通じて、今後の地区農業のあり方を模索していた。その結果、平成19年に既存の麦転作グループ（5～6戸の農家集団）を核として、耕作放棄地の解消と機械の有効利用を目指したM営農組合を設立した。M組合の構成員は27戸で、地区全農家（81戸）の1/3に過ぎないことから分かる通り、M組合は地区ぐるみ組織と言うよりも、むしろ地区農業の再編・合理化に賛同した農家によって結成された組織と言える。その後、平成21年に県の経営体育成支援事業によるトラクター導入を契機として、地域農業の強固な受け皿体制を確立すべく、M組合の法人化を目指した。とは言え、個別展開志向の強い地区において、複数農家を結集させた法人の結成は決して容易ではなく、40数回の話し合いを経て、M組合員27戸のうち19戸の賛同を得て、平成23年にようやく法人結成にこぎつけた。地区総農家（81戸）の約1/4の農家による法人組織の誕生である。このように地区総農家（81戸）の1/3にあたる27戸の農家がM営農組合を結成し、さらに1/4にあたる19戸がM法人に参加するという構成農家の収斂プロセスは、営農組織が集落社会から遊離していく過程であると同時に、担い手組織としての特性を強める（純化する）過程でもあった。これは、まさに地域農業の再編を集落（地区）全体として取り組む形ではなく、農業的自立を目指す（あるいは農業志向の強い）一部の農家群が主導する形で、集落（地区）の農地利用の再編が進められている栃木県

の集落営農を象徴している。他方、このプロセスを営農組織の経営面積の観点からみると、図3−7に見る通り、法人化以降、農地集積が順調に進み、経営基盤が盤石になる過程でもあった。したがって、営農組織としてのM法人は、集落社会を基盤としながらも、平等と公平の「むら原理」の桎梏も少なく、効率性を重視した経営展開の条件が与えられた。この背景には、高齢化や兼業化の深化によってM地区農家層の分化・分解が進んでいることが挙げられる。

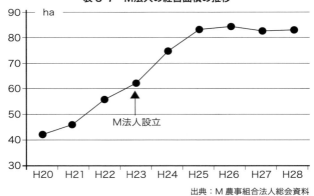

表3-7　M法人の経営面積の推移

出典：M農事組合法人総会資料

ところで、19戸で構成されているM法人は、実質的には4名の役員と5名の外部雇用者（従業員）によって運営されている。役員4名はすべて地区内の農家で、①農業専従の代表理事のA氏，②脱サラで、経理・総務担当の肉用牛農家のB氏、③バラ農家のC氏、④ナシ農家のD氏である。なかでもAとBの両氏は、当法人の中核的牽引者で、5名の従業員を

指揮・監督しながら農作業を実施している。5名の従業員は東京と静岡の出身者2名と同市地区外出身者3名で、年齢も20代から50代前半の青壮年者である。この人的構成に象徴されているように、M法人は地区内農家に拘泥することなく、意欲のある者を積極的に確保し、人材育成しながら経営体としての発展に努めている。

平成28年現在の経営耕地面積82haは、地区内耕地面積の約60％をカバーし、しかも圃場は水系ごとに団地化され、効率的な作業体制のもとで、ブロックローテンションによる輪作体系が確立されている。作付状況は、水稲：24ｈａ（うち16haは水稲種子の採種で、法人と収益源となっている）、飼料稲：20ha、二条大麦：29ha、小麦：6ha、大豆：4haで、水稲用直播機、追肥散布用ドローンを先駆的に導入し、さらには機械作業効率化のための畦畔の撤廃にも取り組んでいる。また、2年前より従業員の周年就業体制確立の一環として、ハウス施設でのニラ、トマト、アスパラの栽培も開始した。このようにM法人では、4名の役員と5名の従業員を主要メンバーに、集落（地区）とは一線を画する形で、効率性と収益性を追求しながら企業的経営体として発展しつつある。まさに栃木県における集落営農の典型であるとともに、先進的事例の所以である。

2）日本型農場制営農システムの構築に向けて

最後に、M法人を念頭に置きながら、栃木県における「担

い手組織」型集落営農の将来展望を素描しておきたい。

　前項の通り、M法人は農家構成の点ではM地区のわずか1/4の農家によって結成され、しかも、その内実は4名の役員と5名の外部雇用者によって運営されている営農組織である。ところが、その経営基盤はM地区全耕地の60％を超える面積をカバーしている。まさに集落（地区）を基盤としながらも、集落（地区）からは一定の距離を置いた大規模水田作経営体である。M法人と集落（地区）との関わりは、現在のところ、地区農家から農地委託の要望があれば、圃場条件の良否に関わりなく、必ず受託するという経営方針を堅持することである。換言すれば、地区農地の保全管理主体としての役割を果たしさえすれば、M法人には自由な経営展開が保証されている。しかも、関東平野の中でも、耕地条件に恵まれているために、農地の保全管理が経営発展を阻害する可能性も少ない。となると、今後の経営戦略は、受託農地の利用権設定の長期安定化を図り、経営基盤をより一層強固にすることである。そのためには、M法人は地区農家と一定の距離を置きながらも、自らの経済的成果を独占することなく、地区農家へも還元できるような仕組みを導入し、両者がWin－Winの関係を構築・維持することが重要となろう。こうした観点からM法人と地区農家の関係をみると、今のところ単なる農地の委託者と受託者という一元的な関係にとどまっているのが現状である。今後は稲・麦・大豆の土地利用型作目の省力化・効率化を前提に、より収益性の高い集約的園芸作目や農産加工部門へと事業展開することによって、地区内の

高齢者や女性に就業機会を提供し、M法人が小遣い銭稼ぎや生きがい創出の場として身近な存在となることが期待される。つまり、事業の多角化を通じて、M法人と地区農家との関係を単なる農地の受委託関係にとどまらず労働力の雇用・被雇用関係へと拡げることよって、地代のみならず労働報酬という形でM法人の経済成果を地区農家に還元する仕組みを作ることが重要となろう。これによって相互利益にもとづく相互信頼が醸成され、M地区におけるM法人の社会的承認度が高まり、経営基盤のさらなる安定化が図られる。

註
1) 栃木県における集落営農については、高橋諒「水田農業における集落営農の存在形態と発展課題」(平成28年度宇都宮大学農学研究科農業経済学専攻修士論文)を参考としている。
2) 増渕隆一、下坪訓次、加藤明治、中山正義「大規模稲作家の技術と経営」農研センター研究資料17、1989
3) 第46回日本農業賞個別経営の部の大賞受賞の木曽岬農業センターは、経営面積規模：170ha、作業受託延面積：650haの日本を代表する大規模借地経営であるが、圃場筆数：2100筆、委託者数：328人にも及び、圃場の分散が大きな課題となっている。

第 4 章

栃木県園芸の方向性と課題
 －10年間の統計分析を基に－

原 田　淳

1. 栃木県農業における園芸の位置

表4－1に示されているように、栃木県の園芸産出額は2014年で968億円であり、04年の908億円から6.6％増加している。農業産出額全体は、同じ10年間に9.9％減少している。農業産出額全体に占めるに園芸品目の割合は2014年で38.8％であり、04年の32.8％に比べて6ポイント上昇している。

栃木県は、農業産出額では2014年は都道府県別全国9位であるが、園芸産出額では14位となる。園芸の中でも野菜だけなら全国9位なのであるが、果樹と花きのウェイトが小さいのである。

都道府県別産出額で全国10位以内に入る園芸品目は21ある。1位は「いちご」と「もやし」であり、それぞれのシェアは16.0％と20.1％である。2位には「にら」と「うど」が入り、それぞれのシェアは20.4％と30.0％である。全国の10％以上のシェアを占めるのは、以上の4品目のみである。3位には「日本なし」と「シクラメン（鉢）」が入り、それぞれのシェアは6.9％と6.8％である。その他、4位には「洋らん」、5位には「なす」、6位には「トマト」、7位には「ごぼう」「さといも」「さやいんげん（未成熟）」「しゅんぎく」「りんどう」、8位には「ほうれんそう」「きく」「ばら」「花木類（鉢）」、9位には「りんご」、10位には「スイートコーン」「アスパラガス」が、それぞれ入っている。10位以内に入っている品目数は多いが、上位に位置する品目は限られており、それぞれのシェアも小さい。

2. 栃木県園芸の動向

　表4−1は、園芸品目の産出額の、栃木県における農産物の中での順位と、2004年から14年にかけての動向を示したものである。2014年における産出額10億円以上の品目に絞っている。強調している数字は、5年前に比べて産出額が増加していることを示している。

　農業産出額全体は減少を続け、10年間にほぼ1割減少している。そうした中にあって、園芸品目全体の産出額は増加を続けている（なお、「もやし」は園芸品目に含まれるが、この後の叙述では除外して扱うこととする）。

　園芸品目の中でも「いちご」は250億円を超えて突出しており、100億円を超える唯一の品目である。次いで、「トマト」「にら」「日本なし」の3品目が50億円を超えている。2014年で10億円を超える園芸品目は15ある。表には全部記載されていないが、2004年には17品目あったので、園芸品目の産出額が増加している中にあっても、上位品目への集中が進んでいることを見て取れる。産出額の10年間の伸び率を見ると、10％以上の伸びを見せているのは、10億以上の園芸品目の中でも5位以下の7品目のみである（「なす」「きゅうり」「ほうれんそう」「ごぼう」「さといも」「アスパラガス」「ばれいしょ」）。さらに、2004年から09年と、2009年から14年の、両期間とも伸びているのは6品目のみである（「いちご」「ほうれんそう」「ごぼう」「さといも」「アスパラガス」「ばれいしょ」）。

表4-1　栃木県における園芸品目の産出額動向と地位

品目	2014年 順位	2014年 産出額(億円)	2014年 構成比(%)	2009年 順位	2009年 産出額(億円)	2009年 構成比(%)	2004年 順位	2004年 産出額(億円)	2004年 構成比(%)	産出額 2014/2004 伸び率(%)
農業産出額		2,495	100.0		2,589	100.0		2,769	100.0	-9.9
園芸		968	38.8		928	35.8		908	32.8	6.6
いちご+トマト		353	14.1		353	13.6		338	12.2	4.4
にら+アスパラ+なし		122	4.9		112	4.3		109	3.9	11.9
5品目合計		475	19.0		456	18.0		447	16.1	6.3
上位10品目		628	25.2		605	23.4		585	21.1	7.4
米	1	467	18.7							
生乳	2	323	12.9							
豚	3	271	10.9							
いちご	4	*259*	10.4	3	*257*	9.9	3	250	9.0	3.6
肉用牛	5	200	8.0							
鶏卵	6	129	5.2							
もやし	7	107	4.3							
トマト	8	94	3.8	6	*96*	3.7	7	88	3.2	6.8
にら	9	*56*	2.2	10	49	1.9	9	53	1.9	5.7
日本なし	10	54	2.2	9	*54*	2.1	10	52	1.9	3.8
なす	11	*44*	1.8	12	36	1.4	11	39	1.4	12.8
乳牛	12	44	1.8							
きゅうり	13	*34*	1.4	14	30	1.2	13	30	1.1	13.3
ほうれんそう	14	*30*	1.2	16	*27*	1.0	16	26	0.9	15.4
ねぎ	15	24	1.0	15	*27*	1.0	17	23	0.8	4.3
二条大麦	16	24	1.0							
ごぼう	17	*17*	0.7	20	*15*	0.6	22	14	0.5	21.4
さといも	18	*16*	0.6	21	*14*	0.5	29	10	0.4	60.0
きく	19	16	0.6	19	18	0.7	20	19	0.7	-15.8
ぶどう	20	16	0.6	17	20	0.8	18	20	0.7	-20.0
アスパラガス	21	*12*	0.5	29	*9*	0.3	49	4	0.1	200.0
だいこん	22	*11*	0.4	23	*13*	0.5	21	19	0.7	-42.1
ひな	23	*11*	0.4							
ばれいしょ	24	*10*	0.4	31	*8*	0.3	36	7	0.3	42.9

資料：生産農業所得統計、各年次
註：太字で斜体になってる数字は、5年前に比べて増加していることを示している

表4−2は、園芸の上位10品目とアスパラガスの、10年間の生産動向を示したものである。産出額ではどの品目も10年前よりも増加していたが、「ほうれんそう」「ねぎ」「アスパラガス」以外の8品目は出荷量が減少している。つまり、産出額の増加は、量の減少を補う単価の上昇に支えられているのである。この単価の上昇は全国的なものであり、栃木県の各品目の上昇率も全国並みのものである。

　作付面積の動向を見てみると、増加しているのは「ねぎ」と「アスパラガス」のみとなっている。ただし、作付面積の減少率は、出荷量の減少率ほど大きくない。つまり、単収が低下しているのである。

　表4-3は、表4-2で取り上げた中で農林業センサスによって栽培者数のわかる品目について、10年間の動向を示したものである。どの品目も20％以上減少しており、「いちご」「日本なし」「ほうれんそう」以外は、30％以上の減少を示している。しかしながら、栽培面積は栽培者数ほどには減少しておらず、平均栽培面積の拡大が進んでいることが示されている。

　経営体当たりの規模（面積でも産出額でも）拡大が進んでいるとはいえ、急激な栽培者数の減少をカバーできておらず、作付面積は減少している。作付面積の減少に、単収の減少が加わり、出荷量も減少している。つまり、深刻な生産基盤の弱体化が、急速に進行している様子が現れている。

　単価の上昇も、マーケティングの努力の成果というよりは、供給不足によるものと見なせる。人口が減少して消費が低

表4-2 栃木県における園芸品目の生産動向

品目		2004年	2009年	2014年	2014/2004 伸び率
いちご	作付面積(ha)	628	**639**	603	-4.0%
	10a当収量(kg)	4,580	4,530	4,210	
	収穫量(t)	28,700	**28,900**	25,400	-11.5%
	単価(円/kg)	871	**889**	**1,020**	17.1%
トマト	作付面積(ha)	397	388	380	-4.3%
	10a当収量(kg)	9,650	9,070	**9,630**	
	収穫量(t)	38,300	35,200	**36,600**	-4.4%
	単価(円/kg)	230	**273**	257	11.8%
にら	作付面積(ha)	441	430	399	-9.5%
	10a当収量(kg)	2,970	2,780	2,760	
	収穫量(t)	13,100	12,000	11,000	-16.0%
	単価(円/kg)	405	**408**	**509**	25.8%
日本なし	作付面積(ha)	883	858	805	-8.8%
	10a当収量(kg)	2,800	2,710	2,690	
	収穫量(t)	24,700	23,300	21,700	-12.1%
	単価(円/kg)	211	**232**	**249**	18.2%
なす	作付面積(ha)	445	416	402	-9.7%
	10a当収量(kg)	4,400	4,060	3,680	
	収穫量(t)	19,600	16,900	14,800	-24.5%
	単価(円/kg)	199	**213**	**297**	49.4%
きゅうり	作付面積(ha)	310	303	299	-3.5%
	10a当収量(kg)	4,670	**4,720**	4,480	
	収穫量(t)	14,400	14,300	13,400	-6.9%
	単価(円/kg)	208	**210**	**254**	21.8%
ほうれんそう	作付面積(ha)	636	**642**	625	-1.7%
	10a当収量(kg)	962	**1,090**	**1,010**	
	収穫量(t)	6,120	**7,000**	**6,310**	3.1%
	単価(円/kg)	425	386	**475**	11.9%
ねぎ	作付面積(ha)	522	**582**	**588**	12.6%
	10a当収量(kg)	1,780	**1,910**	**1,870**	
	収穫量(t)	9,300	**11,100**	**11,000**	18.3%
	単価(円/kg)	247	243	218	-11.8%
ごぼう	作付面積(ha)	468	440	-	
	10a当収量(kg)	1,970	1,850	-	
	収穫量(t)	9,190	8,140	-	
	単価(円/kg)	152	**184**		
さといも	作付面積(ha)	646	614	594	-8.0%
	10a当収量(kg)	1,370	**1,430**	**1,400**	
	収穫量(t)	8,850	8,780	8,320	-6.0%
	単価(円/kg)	113	**159**	**192**	70.2%
アスパラガス	作付面積(ha)	33	**58**	**79**	139.4%
	10a当収量(kg)	1,250	**1,680**	**1,520**	
	収穫量(t)	406	**974**	**1,200**	195.6%
	単価(円/kg)	985	924	**1,000**	1.5%

資料：野菜生産出荷統計及び果樹生産出荷統計、各年次
註：太字になってる数字は、5年前に比べて増加していることを示している

下しているものの、それ以上に供給力が低下しているのである。産出額の増加は、このような歪な構造に支えられているのである。

ただし、このような構造は生産者にとって決して悪いことではない。それ以上に、販売業務を受託する農協にとっては好都合なことと見なせる。なぜなら、販売手数料の料率が一定ならば、産出額の増大によって手数料収入が増える。その

表4-3 販売目的の栽培者数の動向

	経営体数			栽培面積（ha）	
	2004	2009	2014	2004	2014
トマト	2,925	2,481 -33.0%	1,961	345	310 -10.0%
いちご	2,528	2,272 -22.7%	1,953	628	650 -4.6%
日本なし	825	726 -27.5%	598	808	643 -20.4%
なす	4,715	3,361 -38.7%	2,888	318	243 -23.5%
きゅうり	3,883	2,885 -38.4%	2,391	164	144 -12.1%
ほうれんそう	3,111	2,520 -27.0%	2,271	431	446 3.4%
ねぎ	4,349	3,008 -32.9%	2,918	312	370 18.7%
さといも	3,610	2,371 -34.5%	2,366	199	143 -28.3%

資料：農林行センサス、各年次
註：1）2月時点の過去1年の作付けであるから、2004年、09年、14年と表記した。
　　2）2004年は、販売農が対象である。
　　3）下段は2004年から14年にかけての増減率である。

一方で、取扱量も、出荷者数も減少すれば、経費は削減できる。つまり、利益を出しやすい状況になっているのである。問題は、この利益をどこに振り向けるかである。

3. 栃木県園芸の市場での地位

表4-4は、青果物卸売市場調査報告で扱われている品目について、栃木県の青果物の出荷先と、その市場での地位を示したものである。京浜市場への出荷割合が高い順に並べてある。

どの品目も関東市場への出荷が60％以上となっており、90％を超える品目も6つある。京浜市場への出荷となると、

表4-4 栃木県の園芸品目の出荷先市場での地位

	関東市場への出荷割合（％）	京浜市場への出荷割合（％）	京浜市場での占有率（％）	1位道県の占有率（％）	京浜市場での占有率順位	京浜市場での価格順位
なす	86.2	77.4	10.0	32.4	3	19
ねぎ	99.5	70.8	3.1	24.5	9	28
ばれいしょ	97.2	70.1	0.0	61.4	15	21
レタス	93.8	68.6	1.7	34.0	10	26
さといも	95.6	67.3	4.5	39.0	4	17
トマト	76.8	65.4	10.3	24.2	3	24
ほうれんそう	95.7	64.4	7.1	31.5	5	11
きゅうり	90.4	46.7	2.0	16.2	10	20
はくさい	67.1	27.9	0.1	56.1	10	23
だいこん	79.4	25.5	0.5	35.3	11	22
たまねぎ	60.4	21.8	0.7	66.8	7	25

資料：平成27年青果物卸売市場調査報告

60％以上は11品目中7品目となる。70％を超えるほどに京浜市場に依存した品目が3つある。その一方で、30％未満の品目も3つあり、これらは県内向けが多いと考えられる。

11品目中9品目が、京浜市場での占有率で10位以内に入っている。しかしながら、1位の道県との差は2倍以上と大きい。なおかつ、3品目を除いて、価格の順位は20位以下であり、10位以内に入っているものは一つもない。全般的に京浜市場への依存度が高いものの、その市場での地位は低く、不利な立場にあるといわざるを得ない。

表4-5は、栃木県の園芸品目で、産出額上位10品目に加え、「アスパラガス」と「うど」の12品目について、東京都中央

表 4-5 栃木県園芸品目の東京都中央卸売市場での地位

	栃木県順位	栃木県占有率	1位道県の占有率	単価の順位
いちご	1	40.1	–	30
トマト	2	13.2	20.2	30
にら	1	31.2		16
日本なし	1	23.8	–	22
なす	2	17.8	41.8	27
きゅうり	10	3.1	15.8	29
ほうれんそう	5	9.7	31.1	24
ねぎ	8	4.6	21.8	32
ごぼう	9	0.5	57.7	23
さといも	4	4.4	39.8	23
アスパラガス	2	11.9	12.7	21
うど	1	68.0	–	8

資料：平成27年東京都中央卸売市場統計情報
註：アスパラガスは外国産の輸入が多く、オーストラリアが12.8％、メキシコが12.4％のシェアを占める

卸売市場での地位を示したものである。東京都中央卸売市場では、これら12品目の全てが占有率で10位以内に入っている。4品目が首位を占めているし、2位となっている品目も3つある。

しかしながら、単価の順位を見ると、「うど」が8位で、「にら」が16位である以外は、すべて20位以下である。卸売市場においては、数量の優位性を活かせば単価に反映されることが期待されると一般的には考えられているが、そのような戦略とはなっていないようである。

4．栃木県における野菜作経営の構造変動

表4－6は、栃木県における野菜作経営の規模構成とその変化を見ようとしたものである。販売金額1位の部門が露地野菜か施設野菜であるものを、野菜作経営とした。販売金額による規模構成を見た。統計の制約から、2005年は販売農家の数字で、2015年は農業経営体の数字であるが、そうした違いでは説明しきれないほどの大きな変化が見られる。

2005年の数字には組織経営体が入っていないことを割り引かなければならないが、販売金額3千万円以上の経営は10年で2倍に近い増加である。とはいえ、2015年で3千万円以上の経営が占める割合は3.4％にすぎない。

その一方で、2005年には3/4を占めていた販売金額300万〜3千万円の経営が2割以上減少している。3千万円以上の経営は増えても2百あまりでしかない一方、300万〜3千万円の

表4-6 栃木県における販売金額1位の部門が露地野菜と施設野菜の経営の販売金額規模別構成の変化

	2005年販売農家		2015年農業経営体		増減率	
	露地野菜が1位	施設野菜が1位	露地野菜が1位	施設野菜が1位	露地野菜が1位	施設野菜が1位
全体	2,095	4,403	2,364	3,616	12.8%	-17.9%
	計 6,498		計 5,980		計 -8.0%	
300万円未満	1,131	402	1,481	468	30.9%	16.4%
	計 1,533		計 1,949		計 27.1%	
300万〜1千万円	762	1,935	702	1,482	-7.9%	-23.4%
	計 2,697		計 2,184		計 -19.0%	
1千万〜3千万円	199	1,951	168	1,474	-15.6%	-24.4%
	計 2,150		計 1,642		計 -23.6%	
3千万〜1億円	3	114	12	182	300%	59.6%
	計 117		計 194		計 65.8%	
1億円以上	0	1	1	10	-	900%
	計 1		計 11		計 1000%	

資料:農林業センサス 各年次

経営は千以上減っており、到底カバーできるとは思えない。また、300万〜1千万円より1〜3千万円の経営の方が減少率が高く、露地野菜より施設野菜の方がはるかに減少率が高い。規模が大きく、より投資を要するところほど、減少が激しい。

そして、販売金額300万円未満の経営が増加していることが、注目される。施設野菜でも増加しているが、露地野菜では3割以上の増加である。露地野菜を1位とする経営は、総数でも増加している。

図4-1は、直近3年の新規自営就農者が柱とする作目を、10年前と比較したものである。10年前の新規就農は、いちご及び施設野菜に集中していたが、直近3年では露地野菜が急増している。さらに、新規参入者で見てみると、その4割が露地野菜に集中している。つまりこの300万円未満層の増大には、縮小過程での滞留という側面もあるだろうが、新規参入という要素が大きく寄与しているであろう。それが上向の途中経過であるのか、そのままを志向するものなのかは、判

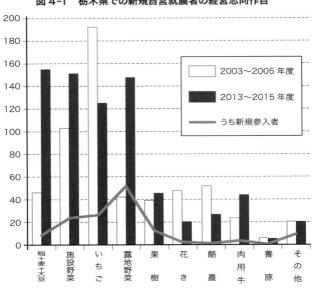

図4-1　栃木県での新規自営就農者の経営志向作目

資料：栃木県　新規就農者に関する調査結果　各年次

然としない。上向の途中経過であるとしても、到底300万〜1千万円という中核層の減少を補えるものではないが、経営の数においては貴重な動向として注意を要する。

5. 栃木県園芸の課題

　2016年から20年にかけての栃木県農業振興計画『栃木農業"進化"躍動プラン』において、「新たな園芸生産の戦略的拡大」は、リーディング・プロジェクト（重点的・戦略的な取り組み）の1番目に位置づけられている。そこでは、最終年度に①園芸産出額を1,100億円（2014年は956億円）にして、全国順位を10位（2014年は14位）にすること、②販売額1億円を超える施設園芸（「いちご」と「トマト」）の経営体数を30（2014年は12）にすること、③新主力品目（「にら」「アスパラガス」「なし」）の産出額を165億円（2014年は122億円）にすること、④販売額5千万円以上の露地野菜産地数を26（2014年は16）にすること、を目標に掲げている。品目が具体的に取り上げられているのは、「いちご」「トマト」「にら」「なし」「アスパラガス」の5つである。こうした目標に向けて、具体的な方策として提示されているのは、「先端技術を駆使した生産力の向上」「経営管理や人材育成分野等の専門家の活用」「収量向上技術の導入拡大」「基盤整備の推進」といったことである。目標にしても、そのための方法にしても、量的な拡大に軸足を置いているように見受けられる。

統計的な動向を見ても、県の重点施策を見ても、栃木県の園芸農業は量的拡大の志向が本流となっていると見なせる。その成果として全国的にもそれなりの地位を築いている。しかし、その地位はあくまでもそれなりである。卸売市場出荷を主体にしており、その下で量を追うのは「数の力によって優位性を保つため」と、これまでは考えられてきた。しかしながら栃木県の園芸品目では、卸売市場での価格面において優位性がほとんど認められない。これについては、「確かに高価格帯には弱い面があるが、低価格帯まで含めたフルラインでの市場対応を重視している。あらゆるゾーンで、市場からの急な要請にも対応できる体制が、大消費地に隣接した大型産地としての使命である」という認識が、関係者から聞かれる。

　対市場の戦略も、売り手市場の時代が終わり、買い手市場に転換したことを考えれば、従来の考え方は通用しない。量的拡大を志向しているのであれば、低価格帯の比重が高くなることは、量をさばくためにはやむを得ない。問題は、そうであるなら卸売市場出荷を主体とした流通でプライステイカーのままでいいのかということである。薄利多売の下で農業経営を維持するためには、コスト設計の前程となる価格設定が重要である。今のままでは経営規模拡大のための計画的な投資に障害となり、そのことが次の問題に結びつく。

　すなわち、量的拡大を志向しながら、大規模な経営体が育っていないことは、より大きな問題である。大規模経営体の形成が追いついていないために、栽培者数の減少をカ

バーすることができず、軒並み栽培面積が減少しているのである。栽培者数の減少はこれから加速するものとみられ、量的拡大志向の土台が揺らいでいるのである。大規模経営体の育成や新規栽培者の確保に力が入れられ始めたが、急務の課題である。

その一方で、意外なことに小規模経営、それも露地野菜作が増加していた。完全に盲点となっている層であり、動きであるが、貴重な動向であり注意を要する。

参考文献
[1] 栃木県『栃木県農業振興計画2016-2020 栃木農業"進化"躍進プラン』栃木県、2016
[2] 栃木県『栃木県農業白書(平成28年度版)』栃木県、2016

第 5 章

畜産の基盤強化と地域対応

斎藤 潔

1. 畜産経営をめぐる状況

　畜産は食肉や卵、乳製品、さらに毛織物や皮革製品を提供する産業であり、それらの畜産物利用には洋風化とかぜいたく、ゴージャスといったイメージが感じられるのではないだろうか。そうだとすれば、畜産は私たちの生活に満足感を与えてくれるパワーを潜ませているといえるかもしれない。とはいえ、日本で畜産が始まったのは明治以降であり、それが本格化したのは戦後からであって、日本における畜産の歴史は長くみてもせいぜい100年内外といったところである。畜産は日本の農業においても、私たちの生活においてもなじみ深いものではなかった。

　西洋諸国ではそうではなかった。西洋諸国の農業は畜産なしには成り立たなかったし、その歴史は農業の起源と同化しておよそ1万年前までさかのぼる。100年対1万年の歴史ギャップを乗り越えて、どのように畜産が日本農業や私たちの生活に定着できるのかを考えてみよう。

　はじめに日本の畜産業が直面している状況を把握し、そこにみられる畜産問題の洗い出しを行う。畜産経営が抱えている問題を全国ベースの数値で整理し、問題解決に向けたフレームワークを考えることから始めよう。

1) 畜産の生産と需要動向

　日本の畜産業は、牛、豚、鶏の3畜種で成り立っている。

西洋諸国では、これに山羊、羊が加わるが、日本ではいまだ少ない。これら3畜種をもとに、乳用牛、肉用牛、養豚、養鶏（採卵鶏、ブロイラー）という生産が取り組まれている。畜産農家は全国的に長期にわたって減少傾向が続いており、家畜の飼養頭羽数もこれにともなって減少している。その一方で畜産農家一戸当たりの飼養頭羽数規模は拡大が続いてきた。つまり、畜産農家は少数になり大規模化してきたわけだ。はじめに畜産の経営形態ごとの現状を確認していこう。

〈乳用牛〉

牛は生産物利用の面から、牛乳生産を目的とする乳用牛（酪農）経営と食肉生産の肉用牛経営に分けられる。乳用牛では2006年から2016年にかけて、飼養戸数が2万6600戸から1万7000戸に減少した。その減少率は36％にのぼる。この10年間で酪農家は1/3以上が廃業したわけだ。乳用牛の飼養頭数は同期間で163万6000頭から134万5000頭へ減少した。減少率は18％であり、この結果一戸当たりの飼養頭数は同期間で62頭から79頭へと拡大した。

乳用牛にはその生産基盤に地域的なかたよりがある。2016年の飼養戸数のうち北海道38％、都府県は62％であり、飼養頭数では北海道58％、都府県42％である。一戸当たり飼養頭数では北海道121頭、都府県53頭と格差が存在している。すなわち、乳用牛の主要生産基地は北海道であり、それに都府県ではセカンドクラスの栃木、岩手、熊本、群馬、千葉などが続いて、その他の県にも比較的小規模の酪農家

がいまだ多く存在している。このような格差のある生産構造から、農業政策上、北海道で生産された牛乳は乳製品の加工原料として利用され低価格で取引されており、その価格条件の不利を補う補給金制度が農林水産省によって設けられている。一方、都府県で生産される牛乳は飲用乳に仕向けられている。

　乳用牛はそのほとんどがホルスタイン種であり、1頭当たり年間牛乳生産量は全国平均で8526kg（2016年）で、10年間で8%近く増加した。規模の大きな酪農家では1頭当たり産乳量が1万kg以上に達している農家も少なくない。酪農家では通常、朝と夕方に1日2回搾乳を行い、300日間継続する。平均すれば1日に30kgの牛乳を搾っているわけだ。牛乳1kgはおよそ1ℓであるから、スーパーマーケットに並ぶ牛乳パックを1日30個分生産していることになる。牛乳を搾られる牛は当然、毎日水分を牛乳として出す以上に飲んで、エサをたくさん食べなければならない。牛乳パックには乳脂肪分3.7%という表示が書かれているけれども、1kgの牛乳で乳脂肪分3.7%なら、それは脂肪37gに相当するから、30パック分では1.1kgとなる。そうすると搾乳期間中に300kg以上の脂肪分を牛乳に添加しているわけだ。それだけの脂肪分以上をエサで摂取しなければ牛は痩せてしぼんでしまう。牛は本来、草食動物であり、青草を食べて育っている。ヨーロッパ諸国では牧草を主体とした放牧型の酪農が数多く見られ、有機農業などの取り組みも盛んである。一方、アメリカや日本では多くが牛を一年中畜舎に繋いで、とうもろこしや大

麦、大豆などの穀物を主体とした高カロリーの濃厚飼料を牛に与えて育てている。そうしないと濃い牛乳が生産できないためだ。とはいえ、アメリカでは牛乳は子どもたちを肥満させる健康に悪い飲み物というイメージがあり、実際に学校給食などでの牛乳提供を禁じている州も数多い。スーパーマーケットでも成分無調整の全乳を置いているところは少なく、大部分が低脂肪牛乳であるのは何とも皮肉である。

日本のように濃厚飼料を多く給与して、高濃度の牛乳を高乳量搾る。しかも一生畜舎の中ですごし、運動をあまりさせないという飼育方法は、母牛に対して負荷を強いることになる。この10年でも乳用牛の一生は、年齢2歳になった後に4頭の子牛を産み、4年間搾乳するという長さから、3頭3年間へと短縮している。比較的大規模な酪農経営では、2頭出産2年搾乳が一般的になっている。2頭の子牛が生まれるということは、確率的に1頭雌、1頭雄となる。雌子牛は母牛の後継牛として経営内に留め置いて育て、雄は市場に出荷される。乳用牛の雄子牛は食肉用に肥育され、国産牛という名称で販売されている。

乳用牛が生産した牛乳は2016年で735万トンであった。北海道53％、都府県47％のシェアである。飲用向けは398万トン（北海道14％、都府県86％）、乳製品向けは331万トン（北海道87％、都府県13％）である。飲用向けと乳製品向けに現れている北海道と都府県のシェアの差は、先に述べた北海道は加工原料乳生産、都府県は飲用牛乳生産という農業政策を反映して生じたものである。ただし、その区分け

は法律で強制的に定めたものではなく、加工原料乳には補給金制度を設けて経済的に誘導するという内容になっている。

牛乳生産は天候条件によって生産量や需要量も変動し、暑い時期には生産量が落ち込んで需要量が伸び、寒い時期には生産量が伸びて需要量は落ち込むという、やっかいな関係が存在している。とはいえ近年では国内需要に対して生産量が慢性的に不足する傾向が現れている。スーパーマーケットの棚からバターがなくなったという事態を新聞やメディアが報道していたのを思い出す人もいるだろう。バター不足は緊急に臨時輸入対策が講じられたが、乳製品は関税や国家貿易などの国内保護対策が講じられているため、足りないからといって簡単に輸入に頼ることはできないのである。

国内においても牛乳の取引価格は指定生産者団体と乳業メーカーとの交渉で基準価格となる総合乳価が決められている。2016年の価格はkg当たり101.3円（補給金含む）で決着したが、2006年は78.9円であったから、生産量不足を反映して価格が上昇していることがわかる。

酪農は1年中1日も休むことなく作業を続けなければならない。労働強度が強い業種といえるが、この労働負担を軽減するためさまざまな取り組みが行われており、酪農では独自の取り組みとして「酪農ヘルパー制度」がある。これは酪農家が集団でヘルパー組合を結成し、そこから搾乳や飼育管理を担当するヘルパーを派遣してもらう事業で、酪農家の休日確保や傷病対応を目的としている。現在、酪農家の7割が

ヘルパー制度を利用しており、その実績は年間1戸当たり22日を記録している。ヘルパー制度の拡充のためには、酪農家の定期利用の促進、ヘルパー人材の確保、技術研修などが課題となっている。

〈肉用牛〉

　肉用牛は食肉利用を目的とした経営である。その経営形態は素牛の種類で3つに分かれる。肉専用種は黒毛和牛など日本在来の牛を改良した牛を用いるもの、乳用種は乳用牛のホルスタイン種の雄子牛を肥育する形態、さらに交雑種はホルスタイン種の雌牛に黒毛和牛の雄を交配したものである。国内生産量のうち黒毛和牛は46％、乳用種30％、残り24％が交雑種とその他で占められている。肉用牛を飼養している農家は2006年の8万5600戸から2016年には5万1900戸へと4割近く減少した。飼養頭数は同期間に10％減少し、2016年には248万頭になっている。この結果、一戸当たり飼養頭数は2006年32頭から2016年には48頭に拡大した。

　牛肉需要は一時期国内やアメリカで狂牛病が発生したことから大きく減少したが、その後回復し、近年は80万〜90万トンで安定的に推移している。国産牛肉の自給率はおよそ4割水準となっている。国産牛肉の卸売価格は、2011年に東日本大震災の原発事故による放射能検出の影響を受け大幅に低下したが、その後回復し、近年では大震災以前の価格を上回っている。

　肉用牛の生産過程は、雌牛から子牛を産ませる繁殖部門

と産まれた子牛を育てる肥育部門に分かれる。肉用牛経営の77％は繁殖農家であり、15％が肥育農家、8％は繁殖と肥育を行う一貫農家となっている。肉用種の繁殖農家は少頭飼いの零細規模がほとんどで、それらの農家が大きく減少していることから、繁殖雌牛の飼養頭数も減少している。このため子牛不足が顕著で、その影響から肉用子牛価格は2011年以降大幅に上昇してきた。肉専用種の経営では、繁殖基盤の強化が課題となっている。

　肉用牛のなかで乳用種の雄子牛肥育形態は、酪農で産まれた雄子牛を市場から購入して食肉生産のため肥育するものであるが、近年では乳用牛飼養頭数の減少に伴って、雄子牛の不足が顕在化しており、子牛価格も大きく上昇している。さらに、酪農においては後継牛の確保対策として雌だけを産ませる性判別技術の開発利用が進んでおり、将来的に乳用種肥育の基盤に大きな影響を及ぼす要因となりそうだ。

〈養豚〉

　豚の飼養戸数は2006年7800戸から2016年4830戸へと、10年間で4割近く減少した。飼養頭数は同期間に962万頭から931万頭へと減少し、この結果一戸当たり飼養頭数は同期間で1233頭から1928頭へと拡大した。飼養頭数は、子豚を産ませる繁殖雌豚と肥育豚からなるが、繁殖雌豚に限れば10年間で一戸当たり飼養頭数はおよそ2倍に増えている。

豚肉の消費量は160万〜170万トンで推移しており、2016年では国産豚肉52％、輸入豚肉48％となっている。豚肉は1960年代にはほぼ国産で自給されていたが、その後輸入が始まり、この10年間は自給率50％ほどで推移してきた。

　豚の生産においては、繁殖成績が決定的な技術要因として作用している。日本では家畜改良目標として繁殖雌豚の年間分娩回数2.3回、1産当たり子豚育成頭数9.9頭で年間離乳頭数22.8頭という水準が示されているが、アメリカやオランダ、デンマークなどの養豚先進国では年間離乳頭数実績はそれぞれ24.6頭、29.2頭、30.5頭と高い技術水準に到達しており、日本の養豚も技術改良の取り組みが課題となっている。

〈養鶏〉

　養鶏は鶏卵生産の採卵鶏経営と、食肉生産のブロイラー経営に分かれる。このほかに地鶏の生産やウズラの卵生産なども行われているが、少数であるため統計には現れてこない。採卵鶏の飼養戸数は2006年3740戸から2016年2530戸に減少した。これに伴い飼養羽数も同期間に1.81億羽から1.76億羽へとわずかに減った。一戸当たりの飼養成鶏雌羽数は同期間に3.8万羽から5.5万羽に拡大した。鶏卵の消費量は260万トン台で長期間安定的に推移してきた。国産鶏卵の自給率は95％で、ほぼ国産でまかなっている。

　ブロイラーは肉用種の短期肥育を行う経営形態であり、その飼養戸数は2006年2596戸から2016年には2360戸へ減

少した。一方、飼養羽数は同期間に1.03億羽から1.34億羽へと畜産のなかで唯一増加傾向をみせている。一戸当たり飼養羽数も同期間に4.0万羽から5.7万羽へと拡大した。鶏肉の消費は220万トン前後で推移しており、国産鶏肉の自給率は7割近くで推移している。鶏肉消費では近年、健康志向の高まりから国産志向が強く、その状況を反映して価格も上昇傾向にある。

2）飼料生産と地域対応

　畜産が動物の飼育であるからには、人間と同じく毎日の食事、家畜にとっての飼料摂取は健康な身体を維持する上でたいへんに重要なファクターとなる。とはいえ、畜産はペット飼育とは異なって牛乳や卵、食肉などを利用することが目的であり、経済動物とも呼ばれることがある。このため本来は草食である牛に穀物などの高カロリー食を与えて、肉の増体量を上げたり、ブロイラーでは消費エネルギーを押さえるため、畜舎内を暗くして多数の鶏をケージに入れ運動させないように飼育するなど、家畜にストレスを強いる面もある。このような経済性を重視した飼育方法に対して、ヨーロッパ諸国から動物福祉（アニマル・ウェルフェア）という飼育理念が提唱され、家畜を健康な環境でストレスフリーに育てるという運動が始まっている。日本ではアニマル・ウェルフェアに対する理解は低く、関心を向ける人もいまだ少ないけれども、世界では広く認められた標準的な飼育方法として認知さ

れている。

　畜産で用いる飼料は、粗飼料と濃厚飼料に分けられる。粗飼料は牧草を乾燥させたり、乳酸発酵させて給与するもので、栄養価は低いが家畜の健康を保つために必要な飼料である。濃厚飼料は、とうもろこし、大麦、大豆などの穀物を原料とした飼料であり、その大部分はアメリカやブラジル、オーストラリアからの輸入に依存しており、近年では穀物価格の上昇や変動が問題となっている。その原因は中国や東南アジア諸国の経済発展による肉食の普及により、それらの国々での飼料需要が増えていること、さらにアメリカでは飼料用とうもろこしの4割近くがバイオエタノール燃料に仕向けられているなど需給がタイトになっている状況がある。

　国産飼料の自給率は2014年には27%であったが、農林水産省ではこの自給率を2025年に40%までに引き上げる目標を策定した。具体的には粗飼料自給率78%→100%、濃厚飼料自給率14%→20%と示されている。飼料自給率を向上させるためには、国内での飼料増産の取り組みの強化が求められる。現在もさまざまな取り組みが行われているが、特徴的な例をいくつか示そう。第一は飼料米と稲WCS（ホール・クロップ・サイレージ：稲発酵粗飼料）である。米は日本の風土で栽培しやすく、余剰を生むだけの生産力を秘めた作物である。これを飼料に仕向けることで米の過剰生産対策と飼料増産を同時に達成することが可能となる。飼料米生産には十全な補助金制度が用意され、支援対策が講じられた結果、その作付面積は急速に伸びている。稲WCSは主として

酪農の飼料基盤を強化する目的で補助金制度を含めた支援策が講じられ、その作付面積も大きく拡大している。

　第二の取り組みとしてエコフィードの取り組みを紹介しよう。これは飼料自給率向上と食品残渣の再利用を組み合わせた取り組みである。そこでは食品工場やスーパーマーケットから排出される食品残渣を回収し、それを処理して畜産用の飼料にリサイクルしている。かつてはホテルの宴会などの食べ残しをそのまま家畜に給与することもあったが、これでは飼料品質が低く、家畜の健康状態が保たれない。エコフィードは飼料の品質にも配慮し、高付加価値畜産をアピールし、それを地域循環畜産というシステムに結びつける新たな取り組みとして徐々に広がりをみせている。2015年では食品産業から2010万トンの食品残渣（パンや菓子屑、おから、醤油粕、ビール粕、茶粕など）が排出され、このうち71%が再利用された。

　第三の取り組みとして畜産クラスター事業を取り上げよう。畜産では家畜飼育に加えて、飼料作物の栽培と加工、糞尿処理などの作業が加わり、労働過重になりやすく、また一農家では解決が困難な問題を多く抱えている。このため地域内の畜産農家と関係者が連携して畜産振興に取り組む活動を「畜産クラスター事業」と呼んでいる。現在、国内には畜産クラスター事業の拠点となる畜産クラスター協議会が731団体設立されており、それは畜産農家、ヘルパー組合、コントラクター（飼料作受託集団）、TMRセンター（飼料配合センター）、キャトル・ブリーディング・センター（牛の良質後継牛

育成センター)、公共牧場(公営の牛育成施設)、農協、飼料メーカー、機械メーカー、乳業会社、食肉センター、卸小売会社、地方自治体などで構成されており、地域をベースにした集団対応がなされている。

2. 栃木県畜産の現状と課題

1) 畜産の産出額

　日本の農業産出額は2015年で8兆8631億円にのぼり、このうち畜産部門が36％を占めている。経営形態ごとにみると、乳用牛9.7％、肉用牛7.5％、養豚7.1％、採卵鶏6.2％、ブロイラー3.9％、その他畜産が1％弱である。栃木県では2015年の農業産出額が2723億円で、このうち畜産部門は39％を占めており、畜産の比重が高い県であることを示している。経営形態ごとには、乳用牛14.9％、肉用牛7.8％、養豚9.6％、採卵鶏・ブロイラー合計6.3％で、牛と豚の比重が高くなっている。国内で畜産部門の農業産出額が1000億円を超える都道府県は2015年で9道県あり、順に北海道6512億円、鹿児島県2837億円、宮崎県2094億円、岩手県1483億円、千葉県1350億円、茨城県1290億円、熊本県1115億円、群馬県1098億円、そして栃木県1055億円となる。これら9道県合計で全国の畜産部門産出額の6割を占めている。

　栃木県の畜産部門の中では乳用牛の比重が高いことがわかるが、飼養頭数ランキングでは、栃木県は北海道に次いで

国内2位のポジションにある。酪農は県内那須地方に多く存在し、その歴史も古い。肉用牛の飼養頭数ランキングは全国6位、豚は全国8位の地位にある。

2) 飼養戸数と飼養頭羽数

　全国の畜産農家と飼養頭羽数の動向には、農家数と飼養頭羽数の減少、そして一戸当たり飼養頭羽数の拡大という特徴がみられた。農家の少数化と大規模化という事態が進行しているのである。それは、より経営力のある少数精鋭の畜産農家で担う競争力ある畜産の構築というポジティブな評価ができるかもしれない。しかし、飼養頭羽数自体が縮小し、それは国内需要の減少からもたらされたものではなく、国内需要に対応しきれず、生産不足から価格上昇を招いているという実態を勘案すると、畜産の衰退という懸念を抱かせる。

　栃木県でも豚を除けば、全国傾向と同じ事態が進行しつつある。栃木県の畜産農家と飼養頭羽数の動向を2006年と2016年の10年間の変動率で示したのが、表5−1である。この10年間栃木県の畜産にも大きな変動があった。乳用牛では3割の農家が廃業し、飼養頭数は1割減った。肉用牛は3戸に1戸が廃業し、飼養頭数も2割近く減っている。養豚は4割廃業したが、飼養頭数は逆に1割増加した。これは少数大規模化の実績といえる。採卵鶏農家は4割近くの減少と2割以上の飼養羽数の減少であった。

　全国でも、また栃木県でもこれまでは農家の少数化に伴っ

表5-1　栃木県における畜産農家と飼養頭羽数の変動
(2006年から2016年の変動率)

	戸　数	飼養頭羽数	一戸当たり飼養頭羽数
乳用牛	-29%	-10%	53　→　67
肉用牛	-36%	-17%	66　→　85
豚	-40%	11%	1898　→　3523
採卵鶏	-38%	-23%	37.0　→　43.5

資料：農林水産省「畜産統計」
注：採卵鶏の飼養羽数は千羽、一戸当たり飼養羽数は成鶏雌

て規模拡大が図られ、結果的に飼養頭羽数が増加するという道を歩んできた。現状でも農家単位の規模拡大は進んではいるのだが、もはやそれで全体の飼養頭羽数を維持していくことができなくなっている。農家単位での規模拡大のパワーに制約が現れてきたということだ。そこには、①施設や設備・機械への固定資産投資における資金制約、②施設用地に関わる地域環境面での制約、さらに③畜産経営者の高齢化、後継者の不在、労働力不足などの人的資源制約もますます厳しさを増してきている状況がある。このような制約は一農家の経営努力で解決できる範囲を超えている。地域という範囲で畜産農家や耕種農家、さらに生産者団体、農協や行政などの関係機関が集団体制で総合的に対応することが求められるようになっている。

2）自給飼料基盤の確立

　畜産を成立させている基盤として飼料供給体制がある。国内では畜産農家・飼養頭羽数の減少の影響を受けて、飼料需要も減少している。国産飼料の供給では、粗飼料は長期的に低下傾向が続いており、2015年の粗飼料自給率は79％となっている。濃厚飼料も同じく長期的に低下傾向が続いてきたが、近年にいたってそのトレンドは転換している。1989年には濃厚飼料自給率は10％にまで低下したが、2015年には逆に14％へと増加に転じたのである。これは米生産調整政策の制度変更により飼料米の生産が大幅に増加したことが影響している。

　栃木県では飼料米の取り組みが進んでいる。飼料米作付面積は2012年から全国ランキング1位の座を占め続けており、2016年生産実績は作付面積1万402ヘクタール、生産量5万9446トンに達している。とはいえ、課題がないわけではない。栃木県では飼料米といっても作付面積の89％が主食米となる一般品種で、飼料米に有利な多収品種の利用が少ないのである。全国平均では、一般品種57％、多収品種43％となっている。飼料米で一般品種を利用するときには、栽培・流通過程で主食米と飼料米の混入が絶対に起こらないように防止対策を講じなければならず、それは余分なコストアップにつながるし、リスクマネジメントの体制を整える必要がある。

3) 飼料米利用による畜産物のブランド化

　飼料米の利用においては、それを単に輸入飼料の代わりと位置づけるのではなく、国産米という私たちになじみ深い穀物を家畜への飼料として利用するという事態を十分にアピールして県産畜産物のブランド化につなげることが考えられる。全国的には、そのような取り組みが各県で広がっており、乳用牛ではミルクジャムやヨーグルト加工、肉用牛や豚の肉質向上、鶏卵の品質向上など、さまざまな取り組みが展開している。栃木県においても飼料米給与による鶏卵生産、地鶏生産などの取り組みがなされているものの、そのような動きはいまだ少ないのが現状である。これでは飼料米作付けの先進県とはいえ、その有利性を引き出しているとは言いがたい。今後、飼料米先進県という実績を県内畜産のブランド化に結びつけることが課題になろう。

4) 畜産を核としたローカル・フード・システムの構築

　栃木県で飼料米の取り組みが進んでいるにもかかわらず、それが畜産のブランド化にうまく結びついていないという原因の一つに、飼料米は稲作農家の取り組みにとどまっており、その生産物を利用する畜産農家との間に連携が図られていないという問題がありそうだ。このような生産と消費のギャップを埋め、潜在パワーを引き出す取り組みが、畜産クラスター事業といえる。栃木県でもその取り組みは始まって

いるが、戦略的に位置づけて検討し、効果を生み出すことが期待される。畜産は全国的にも、また栃木県においても、全体的に縮小傾向が現れてきている。畜産物需要の縮小傾向はみられないのだから、国産畜産物は不足傾向で推移し、それは輸入畜産物のマーケットシェアの拡大を意味している。国内畜産の生産力低下という事態を転換させるその原動力を畜産農家一戸一戸に求めることは、もはや現実的ではない。そうであるなら、個別の農家という範囲から地域という範囲に視点を移し、地域集団的な対応が必要になるように思われる。そこには畜産農家のみならず作物農家も集い、民間企業の力も入れて、さらに地域の消費者・生活者をも巻き込んで総合的なパワーを発揮させる場作りをデザインすることが課題となる。そのような取り組みをアメリカやヨーロッパ諸国ではローカル・フード・システムという名で呼んでおり、新しい食料、新しい農業、新しい農村をつくるキィコンセプトと位置づけている。

第 6 章

栃木県における
地産地消・6次産業化の課題と展望
−1970年代の農産物自給運動と1990年代の女性起業を素材として−

西山 未真・一ノ瀬 佑理

1. はじめに　－本章の目的－

　国の農政が地産地消の推進を政策で初めて位置づけたのは、1999年の新農業基本法であった。それ以降、次々と農産物の消費側を意識した政策が策定されるようになった。2002年には食と農の再生プラン、また2005年には食育基本法が策定され、2011年の6次産業化・地産地消法の策定へと至っている。6次産業化・地産地消法では、地域資源のより高度かつ多面的な活用により農業者の事業の多角化や高度化を図ることが目的とされている。こうした施策が登場するのは、農業の生産面の高度化・効率化を目指す方向だけでなく、家族経営の特徴を生かした生活面からの付加価値の評価、あるいは未利用の地域資源の有効活用などに目を向けた結果だといえる。効率性・安定性を目指す経営体の強化だけでなく、消費と結びついた生産の推進というもう一つの方向性の提示は、直接的には、2000年前後に起きた食の安全性に関わる事件や事故により失墜した国内農産物の信頼回復を目指すためだった。しかし、もう一つの方向性の追求が可能だったのも、兼業化が進む経済成長期を経ても、農村内部で自給的な営みが継続されてきたからだといえる。本章では、現代の消費者のニーズを先駆的に掴んでいたといえる農村での取り組みに注目してみたい。それは1970年代に全国の農村集落で始まった農家の主婦による農産物自給運動であり、自給運動の地域的取り組みが素地となって展開した1990年代に登場する

女性起業の取り組みである。それらの取り組みの社会全体への影響を再評価すれば、現代の政策に与えた影響も小さくないと思われる。つまり、2000年代以降の地産地消や6次産業化の推進は、1970〜80年代頃に農村生活で捉えられていた問題とそれへの対応にルーツをたどることができる。

　本章では、栃木県を事例とし、1970年代から始まった農産物自給運動と1990年代の女性起業の動きに注目し、それらの動きが現代の6次産業化や地産地消の推進といった農業政策にどのように影響を与えてきたのかを明らかにすることを第1の目的とする。さらに、そうした6次産業化や地産地消の推進のための課題と展望を考察することを第2の目的とする。

2．6次産業化・地産地消推進の背景
　－1970年代の農産物自給運動と1990年代の女性起業を素材として－

　栃木県の農政の展開と関連成果の指標として、県内の直売所開設数と農村女性起業数を示したのが表1である。参考として、国の農政の動きも併記した。ここで注目したいのは、1970年代後半以降の生活改善普及関連の一連の事業の取り組みと、1990年代以降の農村女性に関わる施策の展開である。次項以降で、それぞれの事例を紹介しながら、その取り組みの展開と成果を明らかにしたい。

表6-1 農村女性の自給活動が農業政策に与えた影響

年次	全国 農政の動き	農家飲食費自給率(%)	家計に占める農業所得の割合(%)	栃木県 農政の動き	直売所数	農村女性起業数
1948				農業改良普及委員会設置		
1960		57.7				
1961	農業基本法施行					
1965		46.1	55.7	栃木県生活改善クラブ結成		
1970		34.9	41.5			
1971	秋田県で全国初の自給運動が始まる			農村婦人団体懇談会開催		
1972				農業簿記の普及・指導強化		
1973				栃木県農業士(12名)が初めて誕生		
1975		26.1	43.2			
1976				農村生活環境改善対策指導事業が始まる		
1980		20.9	24.2			
1981		20.2	23.5	1981年 栃木県初の自給運動が黒磯市で始まる		
1984		18.4	23.3		7	
1985			22.7		14	
1986			21.4		21	
1987			19.6		28	
1988	牛肉輸入自由化		19.3		44	
1989			21.8		52	
1990			22.1		68	
1991			20.7		101	
1992	「農山漁村の女性に関する中長期ビジョン」を農水省が公表		26	1991年 うつのみやアグリランドシティショップ開設	123	
1993			23		135	
1994			28.1		151	
1995	「食糧管理法」を廃止し、新たに「食糧法」制定		25.3	栃木県農村女性ビジョン策定	172	
1996			24.2	栃木県農村女性会議発足	188	
1997			21		202	
1998			22		220	
1999	「食料・農業・農村基本法」において地産地消提唱		20.6	県内で初の女性農業士(13名)が誕生	232	
2000			20.1		246	
2001			19.6		246	
2002			19.8		239	153
2003			21.9	とちぎ地産地消推進方針(第1期)策定	239	152
2004			29.9		236	169
2005	「食育基本法」制定		29.2		239	165
2006	「食育推進基本計画」策定		28.7	栃木県食育推進計画(第1期)策定	239	178
2007			30		237	172
2008			26	「食の回廊づくり」の取組みが始まる	237	164
2009			25.8		232	169
2010			30		226	181
2011	「地産地消法」を施行		30.2	「フードバレーとちぎ」の推進が始まる	232	191
2012			31.8		229	198
2013			34		220	
2014						212
2015				「とちぎ農業女子プロジェクト」が始まる		
2016						

出典：栃木県農業白書等より作成

第 6 章

1）1970年代の農産物自給運動の取り組みとその成果

　栃木県の事例分析に入る前に、前述した全国の農産物自給運動について紹介しておきたい。荷見他編『農産物自給運動』の自給運動マップによると全国42都道府県で自給運動が広がっていることがわかる。その目標や理念に共通しているのは、農家らしい食生活の維持や農家の食文化の継承であり、経済的な側面からも増え続ける現金支出を食生活や自給の面から見直し、兼業化により揺らいでいる農家の自律性（自立性）を確保していこうということも理念として捉えられていた。内容は、ユニークなネーミングによって目標を数値化し、理解と実践のしやすさを狙ったものが多い。例えば、「5（go）・5（go）・5（go）で50万円自給運動」や、「健康のために1・10・100運動」などである。前者は、家庭菜園5アール、鶏5羽、果樹5種で50万円分の自給を目指しており、後者は、一日1本の牛乳と塩分10グラム以下、100グラムの緑黄色野菜の摂取を呼びかけている。摂取目標に挙げられるのは、緑黄色を中心とした野菜であることが多いが、野菜のみならず、雑穀、養鶏、果樹、さらに味噌や漬け物などの加工品を含めての自給目標が掲げられていることがわかる。このように実践が広がった自給運動において生産や加工された農産物等は、後に、直売市や物産展など臨時の機会ではあるが販売も試みられた。そうした農産物や加工品を販売する機会は地域の特産品という位置づけをもたらし、農産物自給の取り組みは地域の特産品開発という志向とも結びつ

いていった。それは後に、農村における地域（むら）づくりという考え方とも強く関連していく。

　栃木県では1974年から農家高齢者生活開発パイロット事業を始めている(註1)。これは、高齢化が徐々に顕在化してくる農村で、高齢者の生きがいや生活支援のために、高齢者の知恵や技術を、野菜づくりや薬草づくり等に活用し、伝統行事の再現などにも取り組んだ。その事業を受けて、1981年からは県内3箇所（黒磯市、上河内村、栃木市）で、地域内食生活向上対策事業が始まった。ここでは上河内村の事例を紹介する。上河内村（現宇都宮市上河内町）では、食べることを個人の範囲にとどめず、集落・村ぐるみで考え、究極的には地域づくりにまで発展させることを目標に、地域の特性を生かした食生活の確立を通して豊かなくらしと地域づくりの取り組みが始まった。推進組織として上河内村地域内食生活向上対策協議会が立ち上げられ、会長には村長が、副会長には農協の組合長と普及所の所長が、推進員には村内の各組織のリーダーが就任した。活動の目的を明確にするために部門活動制をとり、3つの部門（農業部門、コミュニティ部門、生活部門）ごとに具体的な改善目標が設定された。例えば、農業部門では、転作地の有効利用と経営の安定化、兼業化が進み農家の食生活が変化する中での農家の自給、生産物の有効な利用のための直売所の設置などに取り組んだ。コミュニティ部門では、一般消費者との連携や他市町消費者との提携による生産物の消費拡大などが改善目標とされ、具体的な解決策として消費者を対象とした農業生産学

習と援農などがあげられている。生活部門では、次代を担う子供たちの健全な食習慣の確立、調理・加工・貯蔵技術の向上、行事食・伝統食の復活と継承などが目標とされ、特産品の開発、学校給食への導入が具体策としてこのときすでに掲げられている。食生活の確立、消費者連携、直売による経営の安定化、調理加工技術の確立など、現代にも通用する課題がいくつも挙げられている。このことから、当時の取り組みの先駆性と、現場で必要とされている課題をみのがさず、それに忠実に取り組んだ事業であったことが捉えられる。こうした取り組みが現在まで脈々と継承され、6次産業化や地産地消の推進という政策要請に応える取り組みへと展開したことが理解できる。

2）1990年代以降の農村女性への政策支援

1990年代以降で注目したいのは、1992年に国で策定した農山漁村女性ビジョン（通称：女性ビジョン）を受けて、栃木県でも1995年に栃木県農村女性ビジョンが策定されていることである。その後、栃木県農村女性会議が発足し、1999年には女性農業士制度が立ち上がり、初年度13名の女性農業士が誕生し指導的立場での活躍が始まった。女性ビジョンにも謳われた女性起業の活躍支援の効果もあり、女性起業数が2001年には153件を数えた。2013年には212件となり、順調に増加している。また、県内の直売所数も伸び続けている。それは、地域内食生活向上対策事業の成果として

1980年代から徐々に開設が始まったとみられ、1994年には150件を超え2013年には220件に上る。こうした取り組みは、地域の中で農業・農産物の存在を見えるものとするきっかけになり、後の地産地消の推進を後押しする結果につながったといえる（表6－1）。

　ここで栃木県内での女性起業の先駆的取り組みともいえる事例を紹介しておきたい。うつのみやアグリランドシティショップ（以下、アグリランド）は、1991年に設立された直売組織である。前身は、宇都宮市内の農家の主婦らによる生活改善グループであり、そこでの農産物の自給や加工、青空市などでの販売活動が展開し、常設店の経営として今日まで継続している取り組みである。会員である女性たちの家の経営は専業も兼業農家も含まれており、農業の経営規模も様々である。しかし共通しているのは家の経営とは別に、規模の大小はあるにせよ女性による部門を作ってアグリランドに参加している点である。アグリランド発足当初参加した会員37名のうち、自分名義の銀行口座を持っていたのが1名のみだった。他36名が新たに自分名義の口座を作り、アグリランドでの売り上げを口座に振り込む仕組みとし、そのことが女性たちの社会的信頼にもつながった。当時は、農協全量出荷が大前提の時代であったこともあり、農家の主婦の勉強会という位置づけの生活改善活動が販売行為を行うことへの根強い反対があった。しかし、農家の兼業化による現金支出の増大は農家経済を圧迫しているという現実があり、そうした意味でも、販売することの意義は大きいと痛感した代表のA

氏は、農協も普及機関も説得し、アグリランドを生活改善活動から農家女性による新しい起業活動へと発展させた。

　アグリランドが始まって25年以上が経過した。この間の、地域や個別経営にアグリランドの取り組みが与えた影響をまとめてみたい。アグリランドの会員の女性個人やアグリランドを取り巻く地域社会にとっての意義は、先ほども述べたように、会員の女性名義の口座を開設したことをはじまりとし、農家女性の社会化が進んでいったことが挙げられる。常設店として初めて開店することになった宇都宮西武百貨店（当時）からは、女性自身を保障するための担保となるものを求められた。自分名義の財産がない農家女性たちの活動を保証するものとしてA氏は「私たちのこれまでやってきた実績が私たち自身を保障します」と言い放った。健康志向の高まりや手づくりブームなどで、農家の家庭の食を販売するアグリランドの売り上げは順調に伸び、出店先だった大手百貨店の相次ぐ閉店にもかかわらず、3店目の東武百貨店では優良出店者として表彰を受けるなど、広く社会的に評価されるようになっている。

　また、アグリランドの活動の展開と重なって栃木県の女性農業士制度が誕生し、アグリランドからは最初の代表A氏が第一代目の女性農業士に選ばれ、その後、アグリランドの会員から4名が女性農業士に認定されている。こうした会員の活躍は、地域社会で認められるばかりでなく、女性たちの家の経営でも発言力が高まっていることがわかる。例えばトマト専業だった会員の家の経営が、アグリランドを通して消費

者ニーズが反映される形で、少しずつ多品目化への作目転換をはかった。

　このような農家女性の社会的地位の向上という成果だけでなく、今日につながる重要な意義も見いだせる。地産地消の"地産"を自家農産物や加工品の直売により見える化し、地域における農や食の存在を広く知らしめたという意義である。同時に、地産の担い手としての農家女性の存在を見える化したことも大きい。そして、農家女性による地産とは、自給の取り組みの延長であり、生産に特化する近代化農業の矛盾を指摘する取り組みでもあったことが理解できる。アグリランドを代表例とするように、農家女性の自給の視点を重視した取り組みが、消費者の健康ブームや食の安全安心というニーズを先取りした形で、地産地消を主導したことはもっと注目されてもいいのだろう。なぜなら、農家女性の、近代化する生活の矛盾を鋭く捉える視点とそれを実践にむすびつけるプロセスを理解することは、今後の6次産業化や地産地消の展開に大いに参考になると考えられるからである。

3．6次産業化・地産地消の限界

　これまで自給運動、女性起業の展開と地産地消・6次産業化推進との関連について、栃木県を事例として整理した。農家女性たちは、農業の近代化の矛盾を解消するために、自給した農産物や加工品の直売に取り組んできた。しかし、2000年代以降広がる地産地消や6次産業化の推進は、必ず

しも農家女性らが重視した考え方を形にする展開にはなっていない。図6−1に示すのは、西山らが2006年に実施した調査の分析結果である。地産地消の推進を謳う直売所での購入者にインタビューした結果、対象者は2つのグループに分類できた。一つは、食の安全に関心を持つと同時に食料自給率低下の問題、南北格差の問題など広く社会問題に関心があるグループであった。もう一方は、食への関心に加えて、自身や家族の健康を気にはするものの、食の安全性を担保するものは、トレーサビリティによるラベルなどだと考えていた。両グループとも、地産地消の意義や地域農業への関心は低く、自分自身の地域活動にも関心が低かった。つまり、地産地消の取り組みは、食の安全性に関心を高めた消費者に受け入れられたものの、地産地消の意義、つまり、地域で生産されたものを地域で消費することによる地域農業の推進、フードマイレージなど環境負荷の軽減、食育の推進など、地域農業の持続性を確保することへの消費者の関心の喚起にはつながってないことが理解できるのである。

図6-1 直売所利用者の関心内容による分類

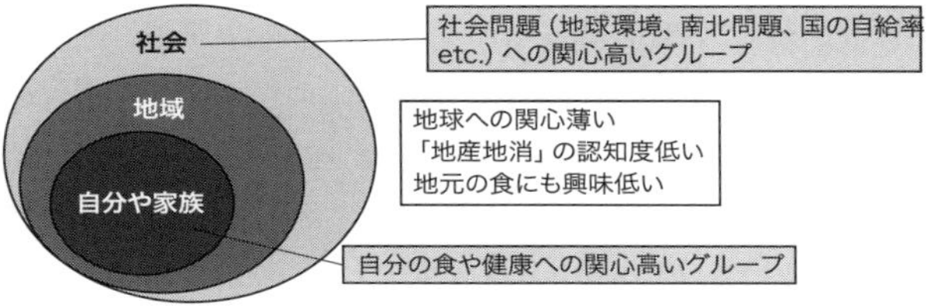

- 社会問題（地球環境、南北問題、国の自給率 etc.）への関心高いグループ
- 地球への関心薄い 「地産地消」の認知度低い 地元の食にも興味低い
- 自分の食や健康への関心高いグループ

Nishiyama.et.al. 2007

当初、地産地消を推進する行政側には、生産者と消費者の交流を進めることで、地産地消を促していく意図があった。そのことによって、国産農産物の信頼回復を狙ったものではあったが、生産者と消費者が同じ地域で交流することで、問題を共有し、その解決に地域で協力していくことも期待できた。しかしながら、先ほどの調査結果にもあるように、地産地消を促していく本来の意図が消費者には伝わっておらず、消費者運動に矮小化されていることが否めない。

　6次産業化の推進についても課題が残る。栃木県の取り組みでは、6次産業化は農政課、農商工連携が産業政策課と棲み分けされ、タテ割り行政を打破してヨコの連携を促すことには結びついてない。2011年から栃木県で推進されているフードバレーとちぎは、異部門の連携という面で農業の価値をより広く発信することが期待できたが、結局、農政課側は原料供給の役割に終始している。フードバレーとちぎの政策効果を高めるためには、県全体の資源を積極的に結びつけてその価値を高めるというガバナンス力を発揮し、栃木県全体の6次産業化として機能させることが必要なのではないだろうか。

　また、農政課の担当者への聞き取りからは[注2]、県内の6次産業化に取り組む農業生産者の対応に栃木県の農業の特徴が表されている。つまり、国が支援しようとする6次産業化に対して、家族経営が中心の農業経営で実際取り組もうとする6次産業化は、比較的小規模であり、あくまで農業生産を重視し、その生産を強化するための6次産業化という位置づ

けだという。経営の目標はあくまで生産物の質を高めること
にあり、そのことを実現した上、あるいは実現するためによ
り質のよい加工品を目指す、あるいは質を高めたものを直売
するという方向にある。また、6次産業化には2世代以上の家
族経営で取り組む場合が多く、一般的に、親世代が農業生
産を担当し、子供世代が加工や販売を担う形が多い。

　こうした栃木県における6次産業化の特徴は、本来の6次
産業化の狙いを体現した形であるといえる。なぜならば、農
家が加工や販売部門を大規模化し製造業や販売業者化する
のは、地域資源の高度利用による事業の多角化や高度化を
目指す6次産業化の目的とはずれるからである。ましてやフー
ドバレーとちぎの実践にみられるように、農家や農業部門
が農商工連携のための原材料の調達部門に特化してしまう
のも、本来の6次産業化の狙いを大きく逸脱しているといえ
る。

4．課題と展望

　これまで紹介してきたのは、栃木県を事例とした1970年
代の農産物自給の取り組みと、そうした取り組みの延長にあ
る1990年代の女性起業や直売など今日の6次産業化に至る
プロセスであった。その中で、自給運動が始まった意義を生
活の視点の重視として政策に反映するという流れとは別に、
いわばトップダウンの6次産業化が進められようとしており、
そのことによる限界も指摘した。ここでは最後のまとめとし

て、栃木県内の農業・農村資源を有効に利用し、農業部門を持続的に発展させるための課題を整理し、農業・農村の6次産業化の今後を展望したい。

　自給運動にルーツをたどる6次産業化のメリットとは、農あるくらしの豊かさ、自身の命をつくる食べ物を自給すること、そして自給できなくても自分の住む地域で生産されたものを消費することの大切さを、生産者自ら多くの人に発信できることだろう。しかし、6次産業化の限界として指摘したように、生産にかかわる人自らがその価値の発信にかかわらない限り、6次産業化のメリットを発揮できなくなる。つまり、生産者自ら農の価値を発信することで、消費者と食の豊かさを共有できることが重要になる。さらに、そうした食農連携をどのようにガバナンスしていくかが喫緊の課題なのだろう。そこで注目したいのは、"地域商社"の役割である。地域商社とは、地域に根ざした農業とくらしの持続的発展のための地域資源磨きとその価値の発信を行う組織であるとここでは定義しておきたい。地域商社の先駆的事例として、高知県四万十町の株式会社四万十ドラマを紹介したい。3町村が出資した第三セクターとしてスタートした四万十ドラマでは、地域の基幹産業である第1次産業に価値が回る仕組みをつくることを目的に掲げた。そこでの理念は、四万十川に負担をかけないものづくりである。第一次産業の重視と地域らしさの取り戻しのために、地域のものと人とお金の関係を結び直すことから始まった。図6－2、6－3では、2つの商品の開発プロセスを示している。四万十ドラマの活動地域は、中山

第 6 章

図6-2 しまんと緑茶の商品開発のプロセスと成果

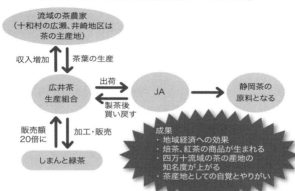

図6-3 栗園再生までのプロセスとその成果

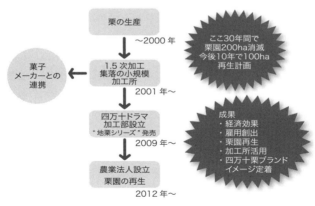

間地で大規模な農業が展開できない条件不利地域である。
茶の産地であるが小規模ゆえに従来は静岡茶の原料とされ

125

ていたが、ペットボトル製造をきっかけに、"しまんと緑茶"という地域ブランドで売り出しはじめた。それは当然、茶生産者のやりがいに結びつき、販売額も20倍に伸びた。緑茶に続いて、ほうじ茶、紅茶と販売され、茶産地としての知名度を高める効果につながっている。栗の産地でもあった四万十中流域では、これまで30年で200ヘクタールの栗園が消滅していた。地域内にある小規模の加工施設を利用して製造できる栗の1.5次加工に着手した。栗を2次加工の原料生産するだけでなく、栗の渋皮のシロップ煮のような商品にまで加工することで、地域に循環する経済の仕組みが変わった。栗園再生のための農業法人を立ち上げるなどの地域への影響も生まれている。

　四万十ドラマの例を挙げるまでもなく、栃木県内でも道の駅の運営など地域商社的取り組みが始まっていることも認識している。しかし、どれだけ第一次産業に価値が循環し、地域らしさの価値の認識とその持続性に結びついているのかについては、課題もあるように思われる。地域らしさを担保し、地域の持続的発展に結びつけるには、生産者と行政担当者、あるいは外部資本の担当者による6次産業化といった取り組みに終わるのではなく、そこに住む高齢者、女性、Iターン、都市住民の役割を位置づけた地域運営を念頭に置いた6次産業化、地産地消に展開することが望ましい。そのためには、これまでの自給運動と女性起業の実績とこれからの6次産業化を積極的に結びつけていくことと、地域商社的な取り組みの理念にこれまでの実績をより

深いレベルで取り込んでいくことが重要になってくると思われる。

註1：栃木県では、普及事業として農産物自給運動が広がった。地域によって農協主導や普及所主導の運動などがあり、その名称も様々である。
註2：栃木県の6次産業化の状況については、栃木県農政部市川貴大氏からの聞き取りによる。

参考文献

[1] 一ノ瀬佑理、農村女性の自給活動が農業政策に与えた影響—栃木県の自給運動と女性起業を事例として—、2016年度千葉大学卒業論文
[2] 高橋久美子「地域の食生活向上へのアプローチ—地場産品・地場消費の活用—」pp.88−96、食の科学、1984年11月号
[3] 西山未真、農村コミュニティ再生におけるソーシャルビジネスの意義—高知県四万十川流域を事例として—、農林業問題研究第191号、pp.427-433、2013年
[4] 西山未真・吉田義明、農村女性による起業活動の展開と個別経営展開に関する一考察　—うつのみやアグリランドシティショップを事例として—、千葉大学園芸学部学術報告55号、pp.59-67、2001年
[5] 荷見武敬・鈴木博士・根岸久子、『農産物自給運動—21世紀を耕す自立へのあゆみ—』、1986年、御茶ノ水書房

謝辞：1970、1980年代の栃木県における普及事業としての自給運動の取り組みについては、高橋久美子氏、半田久江氏、関亦初枝氏(いずれも元栃木県農政部)から多くの情報や資料提供を受けた。記して、お礼申し上げます。

第 7 章

付加価値型農業戦略と
6次産業化・農商工連携の課題

杉 田　直 樹

本章では、栃木県における付加価値型農業戦略の一端を担う、農産物の地域ブランド化および農業の6次産業化（以下、6次産業化）や農商工連携の実態を整理し、特徴と課題を明らかにする。なお、この章では6次産業化を農業経営による事業多角化、農商工連携を農業経営と商業、工業等との事業連携とする。

1. 付加価値型農業戦略における農産物マーケティング

　付加価値型農業戦略を考える際に、農産物マーケティングが重要な視点の1つとなる。言いかえれば、高付加価値の農産物をいかに販売するか、という問題である。栃木県内でも様々な手段での製品差別化と品質管理による農産物マーケティングが行われている。具体的な手段を大きく分けると、以下の4つになる。1.品種、2.技術、3.産地、4.評価・選別の4つが、農産物マーケティングの具体的な手段である[1]。

1) 品種による農産物マーケティング

　品種によって農産物マーケティングを進めている具体的な例は、栃木県内の事例だけでも多数挙げることができる。本県の代表的な農産物であるイチゴは、「とちおとめ」、「スカイベリー」という品種を起点にマーケティングが行われている。また、米であれば「なすひかり」や「とちぎの星」といった、コシヒカリとは異なる品種がある。そのほか、梨の「にっ

こり」や、地域団体商標にも登録されている「中山かぼちゃ」なども品種による差別化がなされている。

このような品種によるマーケティングは、他の品種の農産物との差別化が比較的容易である。「とちおとめ」や「スカイベリー」とその他のイチゴであれば、見た目や味などに違いがあり、消費者もそれを認識することができるであろう。一方で、消費者ニーズに合致した品種を育種・開発するのは非常に困難であり、また普及・販売までに長い時間がかかることが問題点として挙げられる。

2) 技術による農産物マーケティング

技術による農産物のマーケティングというのは、特別な栽培技術や加工技術によって農産物の製品差別化や品質管理を図るものを指す。栃木県内の事例としては、県北に位置するJAなすので生産されている「那須の白美人ねぎ」(以下、白美人ねぎ) を挙げることができる。白美人ねぎは、慣行農法の土寄せとは異なる方法で長ネギの軟白部分を伸ばすことで、生でサラダとしても食べることのできるねぎとして、生産・販売されている。

3) 産地による農産物マーケティング

産地による農産物のマーケティングというのは、地域ブランドのように特定の地域で生産された農産物を差別化する

ものである。従来から農産物販売では、JAによる産地化が図られていたが、これも産地による農産物マーケティングといえよう。本県における具体例としては、日本で生産量が1位のかんぴょうを挙げることができる。栃木県のかんぴょうというのは、国産の高い品質のかんぴょうの代名詞となっている。また、産地による農産物のマーケティングとして、近年注目を集めているのが地域ブランドである。この地域ブランドについては、節を改めて別途検討を行う。

4）評価・選別による農産物マーケティング

評価・選別による農産物のマーケティングというのは、収穫された農産物をある一定の基準に則して評価・選別し、基準を満たした農産物だけをブランド化するなどして販売する方法である。従来からあるJAによる規格と似ているが、規格化は大量流通への対応が主目的であるのに対して、マーケティングを主眼に置いた評価・選別の目的は、農産物の差別化と品質管理にある。本県における具体的な事例として、JAうつのみやの取り組むプレミアム13を挙げることができる。プレミアム13は、糖度が13度以上の甘い梨だけを選別しブランド化したもので、一般的な梨に比べて甘いという点が差別化の要素となっている。全国的に見ても、プレミアム13に限らず糖度によって選別される果物のブランドが多数存在する。

5) 農産物マーケティングのポイント

　農産物マーケティングの具体的な手段として、1.品種、2.技術、3.産地、4.評価・選別の4つを、それぞれ詳しく見てきた。実際は、4つの手段を組み合わせながらマーケティングが行われる。いずれにしても、マーケティングでは製品差別化と品質管理が重要となる。例えば、評価・選別によるマーケティングでは、評価・選別によって品質管理がなされ、また製品差別化が行われることになっている。

2. 農産物マーケティングとしての地域ブランド

　近年様々な取り組みがみられる地域ブランドは農産物のマーケティング戦略の1つの手段といえる。地域団体商標制度や、地理的表示保護制度などの地域ブランドに関連する法制度が整備されるなか、全国各地で地域ブランドづくりが進んでいる。地域ブランドは「地域」と「ブランド」の複合語であり、特定の地域で生産されたことを根拠に、農産物をブランド化したものといえよう。そもそもブランドとは、「ある売り手あるいは売り手グループからの財またはサービスを識別し、競争業者のそれから差別化しようとする特有の（ロゴ、トレードマーク、包装デザインのような）名前かつまたはシンボルである[2]」とされている。つまり、ブランドとは製品・サービスを識別したり他の製品・サービスと差別化する手段であり、その具体的な要素としてブランドの名前やマーク

があるといえる。地域ブランドである夕張メロンを例に挙げると、「夕張メロン」という名称そのものであったり、夕張メロンに貼付されたシールであったり、夕張メロンが入った段ボール箱に描かれたマークなどを総称してブランドという。

地域ブランド化において重要な点が2つある。まず1つ目は、優れた品質の差別化された製品・サービスに特徴的な名前やマークを付与することで、その名前やマークが効果的なブランドになるということだ。地域ブランドを構築するためには、地域内で生産される品質の優れた農産物であり、かつ他地域のものと差別化できる農産物でなければならない。2つめの重要な点は、長期的な地域ブランドの育成が必要になるということだ。ブランドを見たり、聞いたり、購入したり、使用するという経験を消費者が積み重ねることで、消費者の記憶に深く結びついたブランドとなっていく。優れた農産物に名前を付けるだけではなく、長期的なブランドの育成も重要となる。

地域ブランド化が図られている農産物のもつ特徴について、中島[3]は以下の7つを挙げている。①その土地でしか生産されない特産的なもの、②鮮度、形状、色彩、味、香、成分等に優れた特徴を持つもの、③独自の品種・技術で生産されたもの、④無農薬等の安全性に特に配慮されているもの、⑤鮮度保持等の特別の品質管理が図られているもの、⑥加工した商品が優れているもの、⑦商品形態に特に創意工夫が凝らされているもの、以上の7つである。実際の地域ブランドの多くは、これら7つを組み合わせて他地域の農産物との差

別化を図っている。地域団体商標に登録されているJAなす南の中山かぼちゃを例に、その内容を見ていく[4]。中山かぼちゃが他のかぼちゃと差別化されている点として、地域独自性によるもの、品種によるもの、そして栽培技術によるものの3点がある。まず、地域独自性であるが、中山かぼちゃは那須烏山市中山地区を中心にした特定の地域だけで栽培されているかぼちゃである。中山かぼちゃの品種は、県とJAが共同で品種登録したニューなかやまという品種で、その種子はJAと生産部会が管理を行っている。この独自の品種であるニューなかやまは、一般に流通しているかぼちゃとは異なる紡錘形をしており、ホクホクとした甘みの強いかぼちゃとして人気がある。また、中山かぼちゃは完熟させるために交配後55日以上経過してから収穫を行うことが栽培規定に記されていて、収穫期間を徹底するために圃場ごとに交配日を記した看板を立てている。

1）地域の範囲をどうすべきか

　地域ブランド化を図る際に、地域の範囲をどのように設定するのかが問題となる場合がある。既存の地域ブランドをみると市町村や都道府県といった行政区分が地域範囲となることが多いが、消費者の評価という視点から地域ブランドの範囲について考えてみたい。地理的表示保護制度はその審査基準の中で、生産地を「農林水産物等に特性を付与または保持するために行われる行為（生産）が行われる場所、

地域又は国」としており、その範囲を「特性を付与又は保持するために必要十分な範囲となっておらず、過大や過小である場合には、生産地として認められない」としている。地域ブランドの範囲を指定する際は、農産物の品質（特性）に結びつくような自然条件を有している地域であったり、生産者の所在範囲、生産や加工に関する歴史的・文化的な背景などを考慮する必要がある。

　では、地域ブランドの地域範囲を広く指定するのと、狭く限定して指定するのでは、何が異なるのであろうか。ここでは、ブランドの認知度と品質管理という2点について考えてみたい。地域範囲を広く指定すれば、地域が広がる分だけその地域ブランドとして流通する農産物が増加することになる。そのため、地域ブランドを冠した農産物を店頭で目にしたり地域ブランド名を耳にする機会が増えることが期待される。つまり、地域範囲を広く指定することで、ブランドの認知度を向上させることができる。ブランドの認知度は、ブランド構築の最初の段階であり、地域範囲をある程度広げることが、地域ブランド構築にとって必要であることが示唆される。一方で、地域範囲が広いと範囲内で生産される農産物の品質にばらつきが出てしまうことが懸念される。たとえば前述の中山かぼちゃを例にすると、現在は那須烏山市内の特定地域が中山かぼちゃの地域範囲となっているが、これを栃木県全域に広げたらどうなるだろうか。栃木県内で生産されているさまざまなかぼちゃが中山かぼちゃとなってしまい、現在の中山かぼちゃの品質特性が崩れて他地域のかぼちゃとの明

確な差別化が困難になることが予想される。広い地域範囲はブランド認知度にとっては望ましいが、品質管理が困難になるといえる。逆に、地域範囲が狭ければその分品質管理が容易になり、他地域と差別化できる反面、流通量が十分に確保できず、ブランド認知度の向上が困難となる。実際、中山かぼちゃは、生産者の高齢化にともなって生産量が減少傾向にあり、生産量の確保が地域ブランドの維持にとって大きな課題となっている。

2）イメージの差別化をいかに図るか

　農産物の地域ブランド化を図る際は、まず当該農産物の品質管理と差別化が何よりも重要である。差別化された農産物に地域ブランドを付与することで、強いブランドの基礎が形づくられる。その一方で農産物の地域ブランドの特徴として、地域の多様なイメージを地域ブランドのイメージに盛り込みやすい点が挙げられる。これは、消費者が農産物の品質が地域の気候や土壌といった自然環境に大きく影響を受けることを理解していたり、歴史的・文化的な背景を地域ブランドの価値として受け入れていることの表れといえる。したがって、農産物を地域ブランド化する際は、地域のイメージを活用することで豊かな地域ブランドのイメージを構成する必要がある。さらに、地域のイメージを活用するだけではなく、積極的に地域イメージを向上させる、すなわち、地域そのものをブランド化する取り組みも必要になってくる。地域そ

のものと地域ブランドの関係を図示したのが図7−1である。

図 7-1　地域ブランドと地域のイメージ

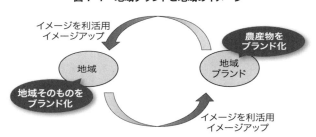

これを見ると分かるように、地域ブランドは地域のイメージを活用しているだけではなく、地域ブランドが地域のイメージに影響を与えている。地域そのものと地域ブランドはそれぞれが双方に良くも悪くも影響しあっており、農産物の地域ブランド化だけを図ろうとしても片手落ちとなってしまうことが多い。地域と地域ブランドの関係について、日光市における日光手打ちそばを例に具体的に考えてみる。日光手打ちそばは、古くからの歴史と文化が息づく日光の観光イメージを盛り込みながら、伝統的な農産物・食というイメージの確立を目指している。一方で、そばは日光の食に関するイメージにおいてゆばに次いで観光客に認知されており、日光の食に関するイメージ向上に貢献していることもわかる。このように、地域そのものと地域ブランドは、車の両輪のように互いに影響しあいながら双方が発展していくことになる。地域そのもののイメージ向上・ブランド化ということを考える

と、地域ブランド化は農業生産者や農業関係組織だけではなく、地域内の多様な事業者や組織との連携が必要となることが示唆される。

3. 栃木県における6次産業化と農商工連携

本節では、本県における6次産業化や農商工連携の具体的な取り組み事例（表7-1）を参考に、その特徴や課題を整理する。

表7-1　取り組み事例の概要一覧

	生産物	製品	売上高(万円)	6次産業化 農商工連携
I 法 人	酪農	チーズ	13,000	6次産業化
F 経 営	水稲、麦、大豆 そば、うど	うどん、そば、 せんべい、煎り豆	3,000	農商工連携
H 経 営	いちご	ジェラート リキュール	4,300	農商工連携
J 法 人	酪農 アスパラ	ヨーグルト、ジャム リキュール等	4,000	6次産業化 農商工連携
A 経 営	リンゴ	ジュース、ゼリー リキュール等	5,500	6次産業化 農商工連携

1）栃木県における6次産業化

本県における6次産業化の取り組み事例として、酪農経営を行っているI法人を取り上げる。I法人は、経営者夫妻と娘

夫妻のほか、研修生2名、パートタイム従業員を3名雇用している。このうち、娘夫妻が後述のチーズ加工・販売を専門に担当している。

　I法人がチーズ加工部門への事業多角化を行ったのは2012年に入ってからであり、現在は農場内に開設した直営店舗での販売と地元レストラン等への卸売を行っている。I法人ではフレッシュチーズ、セミハードタイプチーズ（2か月熟成）、ハードタイプチーズ（半年熟成）、ヤギチーズ等、8種類のチーズを加工・販売している。

　6次産業化の目的は、牛乳の消費や生乳価格が低迷する中での、経営の安定化であった。チーズの加工には専門の知識や技術が必要となる。チーズ加工・販売事業を専門に行う経営者の娘夫妻は、それぞれ農業大学校や、県外の農業生産法人、海外研修等によりチーズ加工の技術や、それに必要となる施設の知識等を習得してきた。

　実際にどのような種類のチーズを販売するのかを検討する際I法人が重視した点は、周辺でチーズ加工・販売を行う他の牧場との差別化である。I法人では熟成を行わないフレッシュチーズを主力商品にしているが、これは他の牧場が販売する、熟成期間の長いハードタイプチーズと差別化することを目的としている。また、県内であまり製品化されていないヤギチーズの加工・販売に取り組む理由も同様である。さらに、フレッシュチーズは原料となる牛乳の味がわかることから、原料乳の違いがチーズの差別化につながることも指摘できる。

チーズ加工に必要な知識や技術は社外での研修によって習得してきたものの、製品化までに3か月以上の技術開発期間が必要であった。I法人がフレッシュチーズを主力商品にするもう1つの目的が、この開発期間を短縮化できることにある。熟成チーズは試作品が完成するまでに熟成期間が必要となり、その分開発期間も長期化する恐れがある。熟成チーズでも比較的熟成期間の短いタイプのチーズを生産することで、開発期間の短縮化を図っている。それでも熟成チーズは10回程度の試作品作りが行われ、技術開発期間の大半が費やされた。一方、フレッシュチーズは半日で生産できるため、開発期間を大幅に短縮化することが可能になる。

　I法人は、酪農部門とチーズ部門を分けてチーズ部門専業の従業員を配置しているが、労働力不足を課題に挙げている。その解決策として加工業者との事業連携が考えられるが、チーズの品質には原料となる牛乳の鮮度が非常に重要となる。自社の新鮮な牛乳を加工した高品質なチーズを生産するためには、農商工連携ではなく6次産業化が必要となる。

2）栃木県における農商工連携

　本県における農商工連携の事例として、水稲を中心に土地利用型農業を経営するF経営と、イチゴ生産を行うH経営を取り上げる。

　F経営は水稲を中心に、麦、大豆、そば、うどを生産してい

る。これらの農産物は有機栽培により生産されており、付加価値の高い農産物の生産を目指している。家族労働力は経営者夫妻を含めた家族4名で、そのほかに1名を雇用している。また、パートタイム従業員を年間約250人日、雇用している。F経営の販売する農産加工品は、乾麺のうどんとそば、せんべい、および煎り豆である。F経営では加工事業のための労働力の確保が難しいことから、これらの農産加工品の加工を全て外部の企業に委託している。

　F経営が農産加工品の販売を始めたきっかけは、農産物の販売価格の低下や販売量の減少である。前述のとおり、F経営は有機栽培による付加価値の高い農産物の生産を行ってきたが、農産物の販売だけでは売上高が減少してきたため、農産物の付加価値をさらに高めることを目的に加工品の販売を行うことにした。

　最初の加工品は小麦を原料にしたうどんであった。うどん乾麺の加工は、F経営も参加する「有機農業ネットワークとちぎ」に加盟している製麺業者に依頼した。さらに、この製麺業者から紹介された長野県内の製麺業者にそば乾麺の加工を依頼している。これらのうどんとそばは、F経営で生産する原料を用いて加工を他社に依頼するものであり、製品開発以上に、加工を依頼する業者の選定が重要となる。小ロットの加工であることに加えて、F経営で栽培する小麦品種（イワイノダイチ）は乾麺への加工が難しいことから、F経営の小麦をうどんに加工する業者がなかなか見つからなかった。

　次に製品化されたのはせんべいである。F経営が農産物の

直売を行っている道の駅に入っていた米菓店を地元商工会に紹介され、そこに加工を依頼している。乾麺と同様に加工を委託しているが、複数種類あるせんべいの味付けは、F経営と米菓店が共同で決めており、製造責任者もF経営となっている。乾麺に比べ、製品開発や加工品に対するF経営の果たす役割が増加している。

最後に、大豆の加工品である煎り豆だが、従来から大豆を販売していた問屋から加工業者を紹介された。煎り豆は、その原料となる大豆の品種の特徴を活かした味付けを行うため、F経営が大豆の品種別に味付けや調味料（黒糖、塩）を指定している。また、せんべいと同様に煎り豆もF経営が製造責任者となっている。味付けや調味料の指定をF経営が行っていることからも、乾麺やせんべいよりも、さらにF経営の役割が増している点が指摘できる。

これら製品のパッケージデザインは、うどん以外の加工品をF経営がデザインしている。うどんも今後、F経営がパッケージをデザインする予定である。加工作業自体は、異なる加工業者が行っているものの、加工品の販売をF経営が行っていることから、統一されたパッケージデザインを使用する利点が大きいといえる。

乾麺の加工でも述べたが、F経営では加工業者の選定・依頼が重要な課題となっている。F経営では、小ロットの加工であることと有機栽培による付加価値の高い原料に適した加工（乾麺の天日乾燥や、せんべいの手焼き等）を行っている業者に依頼をしている。その際、F経営の有機栽培や栽培

品種へのこだわり、なぜ有機栽培を行うのかといったF経営の経営理念を、加工業者に説明することが重要になる。F経営が加工を依頼している業者はF経営の経営理念に共感して、依頼を引き受けている。

続いて取り上げるH経営はイチゴの生産を行っており、従業員3名のほかパートタイム従業員を3名雇用している。

H経営では、規格外品のイチゴを活用したジャムや酢漬けなどから加工を始めたが、これらの製品は加工業者への原料供給という性格が強いものであった。H経営が本格的に製品開発、加工事業を始めたのは、県内の酪農法人（Y法人）と共同でジェラートの製造・販売会社を設立したのがきっかけである。共同会社設立以前から、Y法人では自社の牛乳を原料にしたジェラートの製造・販売を行っていたが、ジェラートにしたイチゴの甘味、色、香りなどに不満を感じていた。実際、とちおとめは加工すると色や香りが飛んでしまうとされている。しかしH経営のイチゴは加工をしても色や香りが残るため、着色料や香料を使用しない加工品を作ることができている。Y法人と共同で設立した会社がジェラートの製品開発を行ったが、H経営のイチゴの特殊性や付加価値が、ジェラートの製品差別化の大きな要素となっている。

一方、イチゴを原料にしたリキュールは、京都府内の酒造メーカー（T社）を紹介され、焼酎にイチゴを漬けたリキュールの製品化を目指して開発が始まった。その後、T社の製造する様々な酒類にイチゴを漬けて試作品を作る中で、H経営の経営者が最も美味しいと感じた、純米吟醸酒にイチゴを

漬けて作ったリキュールを製品化することとした。リキュールの製品開発に関しては、加工工程におけるT社の役割が極めて大きく、H経営が関与することはほとんどない。しかし、ジェラートの開発と同様、H経営のイチゴの特殊性や付加価値が、リキュールの差別化の大きな要素となっている。H経営は、原材料となるイチゴの生産過程や栽培技術によって、製品開発の中で大きな役割を果たしているといえる。

H経営の経営者は、H経営が加工しても色や香りが落ちない特殊で高品質なイチゴの生産に集中しながら、連携先企業の専門的な技術と結びつくことで、高品質で他の製品と差別化された加工品を開発、製造、販売することができると指摘している。一方、自身の6次産業化の可能性について、労働力を始めとした資本の不足を課題に挙げている。

3）栃木県における6次産業化・農商工連携

農業経営者は6次産業化や農商工連携のどちらか一方を選択するだけではなく、自経営において加工や販売等を行う6次産業化を選択しながら、食品加工業者や商業者との農商工連携にも取り組む事例が存在する。本県でも、以下に取り上げる2つの事例のように6次産業化と農商工連携の両方に取り組む農業経営者が存在する。

J法人は酪農経営とアスパラガス生産を行っている。酪農経営から排出される牛糞をたい肥化し、それをアスパラガス生産に利用する循環型の複合経営を目指している。また直

営店舗を経営しており、自社製品の販売等を行っている。経営者夫妻のほか、従業員5名、パートタイム従業員16名（うち直営店舗担当4名、配送担当1名）を雇用している。酪農、アスパラガス栽培、加工・直営店舗の担当者として、従業員が1名ずつ配置されている。

J法人は直営店舗を経営しており、そこで販売するため加工品のアイテムが非常に多い。J法人による加工品は、ヨーグルト、ミルク寒天、練乳、各種ジャム、ピクルスである。J法人が加工事業を始めたきっかけは、経営者の妻が地元婦人会でヨーグルト作りを学んできたことに始まる。当初は家庭内でヨーグルトを作ったり、それを近所に配ったりしていたが、次第に評判が高くなりこれを事業化するようになった。

J法人は2004年に法人化する際、直営店舗を設置している。それまで加工品は、地元のスーパーやホテル等への卸売りが大半であった。直営店舗はアンテナショップの役割を果たすことを目的にしたものであったが、様々なメディアで取り上げられ販路拡大につながった。一方で、直営店舗の品揃えを増やすため、J法人では様々な加工品を開発している。試作品作りは自宅にある台所で行えるようなものが多く、非常に小さな規模で事業化を図っている。製品化した後も直営店舗で消費者の反応を確認しつつ製品を改良している。新製品の販売が軌道に乗り事業展開が見極められるようになってから、大型設備への投資などを行い生産規模の大規模化を図っている。また、加工事業担当者が直営店舗の担当を兼任している。直営店舗を運営しながら消費者のニーズ

に直接触れる従業員が、加工事業を担当することで、消費者のニーズに沿った新製品の開発や製品の改良を行うことが可能になっている。

　このようにJ法人は6次産業化を進める一方、県内の酒造メーカーH社および酒の流通業者Y社と連携し、ヨーグルトを原料にしたリキュールを製品化している。それぞれの業者の役割をみると、Y社が企画・販売、H社がリキュール製造、J法人が原料ヨーグルトの生産を行っている。ヨーグルトリキュールの開発期間は約半年程度であったが、リキュールにした際、ヨーグルトの成分が沈殿してしまう問題があった。J法人では、ヨーグルトの発酵時間などを変更しながら複数回にわたって原料用のヨーグルトの試作を行い、リキュールにしても沈殿しないヨーグルトの生産技術を開発した。これにより他社のヨーグルトとの差別化を図ることができている。専門的な技術や情報を有した企業と連携することで、J法人だけでは製品開発の難しいリキュールの製品化が可能になっている。また、Y社やH社の社長からJ法人が目指す循環型の農業経営に強い共感を得ている点も、農商工連携が成功した1つの要因となっている。

　続いて取り上げるA経営はリンゴの生産を行っている。A経営ではジュースの加工、リンゴや加工品の販売、リンゴ狩りを行える観光農園事業を行っている。従業員4名のほか、パートタイム従業員を剪定作業時に3名、摘花作業時に6名雇用している。

　A経営は1987年にジュース加工事業を開始した。リンゴの

生産が過剰傾向にあるなどリンゴ生果の販売事業の将来性に疑問を感じて、ジュース加工事業を開始した。当時は経営環境に恵まれていたことから、多額の設備投資が可能であった。現在、A経営のジュース加工技術は非常に高く、A経営自身のジュース加工だけではなく周辺の農家や県外からもジュース加工の委託を受けており、加工受託料がA経営の売上高の約1/4程度を占めている。A経営では、栽培している3品種のリンゴを季節や作柄に応じてブレンドしながらジュースに加工しており、長年培われてきたジュース加工に関するノウハウが蓄積されている。

　さらに、A経営ではジュースを原料にした加工食品を共同開発により製品化している。その1つがリキュールである。A経営のジュースを原料にしたリキュールは、J法人と同じ流通業者Y社と酒造メーカーH社との共同開発によるものである。Y社とH社は、A経営とは別のリンゴジュースを用いたリキュールの開発を進めていたが、ヨーグルトリキュールと同様に、製品内に沈殿物ができてしまう問題が解決できずにいた。その後、A経営が製品開発に参画しA経営のジュースを原料することにより、沈殿の問題が解決された。ジュース加工の設備や技術に優れるA経営だからこそ、沈殿しないリンゴジュースの供給が可能となった。また、ジュースの味がリキュールの味に大きく影響することから、リキュールの原料に適したジュースの加工（リンゴの品種の組み合わせ）についてもA経営のノウハウが活かされた。

　リキュール原料用のジュースの取引価格は生産コストと大

差はなく、原料ジュース販売だけでみると利益はほとんど無い。しかし、リキュール製品のパッケージに、A経営のリンゴ（ジュース）を原料として使用していることを記載してもらうことにより、原料ジュースの販売を宣伝広告として位置づけている。

4）6次産業化と農商工連携の特徴

　最後に、これまでみてきた本県の6次産業化や農商工連携の事例から、その特徴と課題を整理する。

　まず、6次産業化の特徴は、農業経営が事業多角化することで、売上高・利益の拡大が見込める取り組みである点が挙げられる。これは、加工や販売といった事業によって生み出された付加価値の対価を全て農業経営が受け取れるためである。それに対して農商工連携では、付加価値を連携先である商業者や工業者と分け合う必要がある。一方で、6次産業化の課題は、6次産業化への取り組みに高いリスクが存在する点が挙げられる。繰り返しになるが、6次産業化は農業経営自身が加工や販売といった事業多角化をする取り組みである。それまで農業生産に特化していた農業経営が、加工や販売といった新たな事業に取り組むためには資本が必要となるだけでなく、高い技術やそれを担う人材の確保・育成のための多額の投資が必要で、その分リスクも高くなる。本県には、6次産業化サポートセンターが設置されているほか、様々な専門知識をもった6次産業化実践アドバイザーが認定

されており、農業経営者が6次産業化に取り組む際の支援を行っている。それでも、農業経営において6次産業化による多角化事業が維持・継続されるためには、農業経営者自身に高い資質が求められる。

　続いて、農商工連携の特徴として安定した規模拡大が可能である点が挙げられる。これは、6次産業化に比べて農商工連携のリスクが低いともいえる。農業経営が多角化事業に取り組む必要がなく、加工や販売に必要なノウハウなどを連携先に求めることができるためである。その一方、農商工連携の課題には原料農産物が買いたたかれやすい点が挙げられる。本県に限った話ではないが、農商工連携が継続せずに失敗してしまう原因の1つが、農商工連携内での農産物の取引価格が低下してしまうことにある。これは農業生産者が連携先である商業者や工業者にとって単なる原料供給者として位置付けられてしまうことによる。農業経営が農商工連携の中で必要不可欠な存在となるためには、原料となる農産物の差別化を図るなり、商品開発や農商工連携のコンセプトなどにおいて重要な役割を果たす必要がある。本稿で取り上げた農商工連携の事例では、原料となる農産物が差別化されていたり、経営理念と農商工連携のコンセプトが合致しているなどの理由によって、農商工連携が維持・継続されていた。

参考文献

[1] 波積真理『一次産品におけるブランド理論の本質－成立条件の理論的検討と実証的考察』白桃書房、2002。

[2] デービッド・A・アーカー(陶山計介、中田善啓、尾崎久仁博、小林哲訳)『ブランド・エクイティ戦略－競争優位をつくりだす名前、シンボル、スローガン』ダイヤモンド社、1994。

[3] 中島寛爾「第3章　農産物地域ブランド化のための3つのキーポイント」藤島廣二、中島寛爾編著『農産物地域ブランド化戦略』筑波書房、2009、pp.17-29。

[4] 阿久津涼「北関東におけるかぼちゃの地域ブランド形成に関する考察－地理的表示制度による江戸崎かぼちゃと地域団体商標制度による中山かぼちゃ」平成28年度宇都宮大学大学院農学研究科修士論文。

第 8 章

農産物輸出の現状と輸出戦略

神 代　英 昭

1. はじめに

　近年、政策的にも実践的にも農林水産物・食品の日本からの輸出に関する注目が急速に高まっている。農林水産省では「攻めの農林水産業」、「農業の成長産業化」を農業政策の柱として掲げており、農産物輸出はその具体的な手段として6次産業化と並んで強調されている。マスメディア等でも「(輸出実績が)3年連続で史上最高を更新」、「中間目標を1年前倒しで実現」という力強い言葉ともに農産物の輸出拡大が注目される機会が増えている。

　輸出促進戦略の基本的考えに注目すると、世界の今後の食市場の成長を取り込むことで、日本の農林漁業者や食品事業者の所得向上や、意欲ある若い担い手の参入を促進することと整理できる。例えば農林水産省[14]では農林水産物・食品輸出の目的として、以下の4点を指摘している。

　(1) 国内市場・生産現場の充実と可能性
　(2) 国内市場の販売価格の安定の可能性
　(3) 国内市場では評価されにくい生産物が評価される
　　　可能性
　(4) 食料自給率の向上や地域の活性化に貢献

　本章では様々な側面から期待の高まる農産物輸出の現状と課題について報告する。まず日本全体の動向を整理したうえで、それとも比較しながら都道府県単位での農産物輸出の実態や輸出促進戦略の現状について、栃木県を例にとりながら整理してみたい。

第 8 章

2. 日本の農産物輸出の現状と輸出戦略

1) 日本の農産物の輸出実績に関する統計・データ

　日本の農産物の輸出実績に関しては、財務省「貿易統計」のデータを基に農林水産省が作成したデータが活用されることが多い。農林水産省が提示するデータは「農林水産物・食品」であり、そのうちわけは、農産物、林産物、水産物（生鮮魚介類、真珠、水産調整品など）である。特に農産物の中には、野菜・果実等、穀物等、畜産品に加えて、加工食品（アルコール飲料、調味料、清涼飲料水、菓子等）、その他農産物（たばこ、播種用の種、花き、茶等）などかなり多様な品目が含まれている。

　また各品目の金額と構成比（すべて総額7,502億円に占める割合）を2016年のデータをもとに整理すると、農産物4,593億円（61.2％）、林産物268億円（3.6％）、水産物2,640億円（35.2％）である。さらに農産物を細分すると、野菜・果実等377億円（5.0％）、穀物等378億円（5.0％）、畜産品510億円（6.8％）、加工食品2,355億円（31.4％）、その他の農産物973億円（13.0％）という状況である。

　以上のように整理すると、種類としてはかなり多様な品目を「農林水産物・食品」として一括りに取り扱っているものの、現在の構成比は水産物、加工食品など一部の品目に偏っていることがわかる。

2) 日本の農林水産物・食品の輸出動向

　このような統計データの性格を踏まえたうえで、まずは日本の輸出動向についてみておこう（図8−1）。

　2003年以降農林水産物・食品の輸出促進に向けての積極的な取り組みが本格化し、輸出金額も2007年までは拡大していた。しかし、サブプライムローンを起点とした世界的な景気後退（2008〜09年）や、福島第一原子力発電所の事故に伴う諸外国の輸入規制強化（2011〜12年）などの影響により、2008〜12年までの輸出金額は停滞し、4,000〜5,000億円台にとどまっていた（石塚・神代[2]）。

　ところがその後の2013年以降、農林水産物・食品の輸出金額が著しい増大の一途をたどっており、輸出統計の開始年（1955年）以来、史上最高の実績を4年連続で更新し続けている。特に2013〜15年は伸びが著しく、2013年は5,505億円（対前年比22.4％増）、2014年は6,117億円（対前年比11.1％増）、2015年は7,451億円（対前年比21.8％増）であった。全国農業新聞（2014）では、2013年度の輸出金額の急増を取り上げ、円安と日本食ブーム、東南アジア諸国の経済成長という環境変化の追い風の存在を指摘している。それととともに、農林水産省の「官民ともにやる気スイッチが入った成果」という表現を取り上げながら、政府の輸出促進戦略が「取りあえず順調に滑り出した」と評価している（神代[8]）。

第 8 章

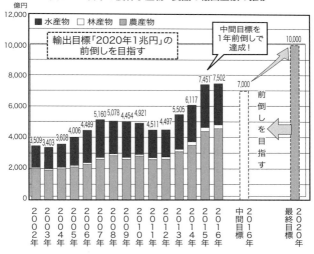

図8-1 日本の農林水産物・食品の輸出金額の推移

資料：農林水産省・食料産業輸出促進課［16］を基に筆者作成

3）日本の輸出促進戦略

　政府の輸出促進戦略のベースとなっているのは、2013年8月の『農林水産物・食品の国別・品目別輸出戦略』（農林水産省[15]、以下では「戦略」と略）である。この「戦略」では、具体的な数値目標として、2020年までに輸出金額を1兆円規模まで拡大することを掲げ、重点国・地域、重点品目へ支援を集中させることを明確化している（註1）。神代[8]では「戦略」の特徴として、以下の2点を指摘した。第1に、農林水産物・食品の輸出拡大だけを促進するのではなく、日本の

157

食文化の普及や食産業の海外展開と併せて一体的に推進する「FBI戦略」である(註2)。第2に、輸出促進の重点的な柱に加工食品を据えていることである。

図8−1のような動向を見ると、輸出は順調に拡大しているように見える。しかし、実際にはまだまだ安定的な局面に到達したとは言い難い状況にある。例えば、確かに2015年度までは3年連続で輸出金額の史上最高を更新し輸出拡大計画の中間目標を1年前倒しで達成するほどの勢いだったものの、その直後の2016年の実績は微増（7,502億円（対前年比0.7％増））にとどまっている。

また品目間のバランスに注目すると、現在の中心は水産物と加工食品であり、それぞれ農林水産物・食品の輸出金額全体の35.2％、31.4％を占めている。これらの品目においては、主に民間の大企業の努力により先行して輸出が拡大しており、相手国のニーズに適応した製品を販売したり、現地生産を展開したりするなど、食品産業の海外進出が進展している。しかしこれらの品目の輸出拡大は海外での現地生産化などにも転換しやすく、必ずしも国内農林水産業の振興に直結するわけではない（神代[9]）。また加工食品とその他を除いた農産物（畜産品、穀物等、野菜・果実等）は、輸出金額1,265億円（16.9％）である。未だ国内消費がメインであり、一部の品目のみが輸出に着手している段階にある。

さらに石塚[1]は別の問題も指摘している。①輸出のニーズは未だ在外日本人、日系人向けが多く、一部、現地の富

裕層向けにも拡大しているものの、現地化・大衆化に向けての課題は多い、②先進的な輸出取組主体（産地や企業）が海外向けの商品開発や市場開拓で成功を収めたとしても、追随者が参入しやすく、海外における日本の産地間・業者間競争が展開しやすい、③東日本大震災を契機とした諸外国の輸入規制の影響を受け、輸出産地が東日本から西日本にシフトしている、ことなどである。これらの問題を改善するために統一ブランドの構築や共同マーケティングなど、オールジャパンの体制構築に向けた取り組みも始まっているが、現状では牛肉や日本酒などの一部品目にとどまっている（砺波[12]）。

3．栃木県の農産物輸出の現状と輸出戦略

1）都道府県単位の農産物の輸出実績に関するデータ

こうした国を挙げて輸出を促進する政策の影響もあり、積極的に農産物の輸出に取り組む都道府県の動きも増加し始めている。特に農産物の主産県でこうした動きは多い[注3]。

ところで前節における日本の輸出実績の統計的把握は「貿易統計」に基づいている。この統計は日本からの輸出品が必ず通過する通関（港）のデータを積み上げた結果であり、日本全体の輸出に関する量的データは把握できるが、産地別や流通経路別など通関にたどり着く前のデータの把握は困難である。

積極的に輸出に取り組む都道府県では輸出実績の数値を発表しているところもあるが、そのデータは「貿易統計」以外の各都道府県独自の方法で調べられたものが多い。具体的には行政主体と普段からのつながりが強い主体（例えば農協など）から提供された個別の輸出実績データを積み重ねたものであることが多いようである。そのため、すべての主体や品目をカバーできるわけではない。例えば、農協が把握する数値は生鮮農産物が中心であるとともに、直接関与しない市場外流通などの輸出分は漏れやすい。また食品企業による加工食品などの数値がつかみづらいなどの特徴がある。

2）栃木県の農産物の輸出動向

　このような統計データの性格を踏まえたうえで、栃木県の輸出の動向についてみておこう（図8－2）。

　栃木県の農産物輸出の本格化は、2004年に遡る。農産物の販路拡大とブランド構築のために、「とちぎブランド農産物輸出促進事業」を実施し、当時経済成長の著しい香港、台湾を中心に、なし「にっこり」、いちご「とちおとめ」のテストマーケティングを開始した。その後、ぶどう「巨峰」、米「なすひかり」、牛肉「とちぎ和牛」等の品目が追加され、主な輸出先国で商標登録を行い、商品の差別化やブランドの信頼確保を図ってきた。そして2007年度にはアメリカへの牛肉輸出開始など取り組みを本格化し、輸出実績は6か国・4,079万円まで拡大している。2009年度には輸出相手国が

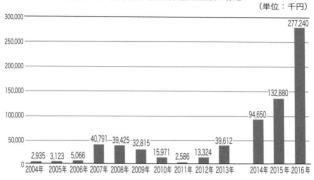

図 8-2　栃木県の農産物輸出金額の推移

資料：栃木県農政部調べ
註）2014年以降の数値には花きを含むが、2013年以前は含まない

最大の9か国にまで拡大した。特に金額面では牛肉の占める割合が非常に高かった。

しかし2010年の口蹄疫の国内発生によるアメリカの牛肉輸入停止、2011年には福島第1原発事故の影響による諸外国の輸入規制拡大により、輸出金額は大きく落ち込んだ。特に従来の主力輸出先であった香港、台湾の輸出停止の影響が大きい[註4]。

その後、県知事によるトップセールスなどの輸出促進政策の効果もあり、2013年には原発事故以前の状態まで回復している。2014年度以降は輸出金額の中に花き（さつき）も含めた数値が公開されるようになり、9,465万円、2015年は1億3,288万円、2016年は2億7,724万円とされている。2016年の品目別構成比と主要相手国を整理すると（栃木県

農政部経済流通課[10]）、牛肉が約60％であり、EU、アメリカ、シンガポール向けである。花き（さつき）が約25％であり、EU、中国、アメリカ向けである(註5)。青果物と米を合わせた割合が約15％とされており、青果物はマレーシア、インドネシア、シンガポール向け、米はEU、香港向けとされている。2013年以降の輸出金額の増加の要因として、シンガポール向けの牛肉、マレーシア向けのにっこりなど、東南アジアの新規販路開拓があげられる。また従来のプロモーションは百貨店を中心としたスポット的なものだったが、マレーシアの大手バイヤーとのつながりを契機に、春節等の時期に合わせて、複数店舗で長期間、集中的なプロモーションを実施するようになっている。

3）栃木県の輸出促進戦略

栃木県では農産物輸出に関する具体的な方針として「とちぎ農産物輸出戦略」を2016年2月に策定している（対象期間は2016～2020年の5年間）。同戦略では、国内の農業を取り巻く状況について「少子高齢化・人口減少、生活様式の変化などにより、国内需要の減少が避けられない」と分析し、当時ＴＰＰが署名されることが濃厚だったこと、円安が一定期間継続する可能性が高いことなどから「今が農産物の輸出促進や環境整備を図る好機」と位置づけた。またこれまで輸出金額が伸び悩んだ背景として、日系の百貨店など向けのスポット的な輸出にとどまり現地消費者のニーズ把握が

不十分なこと、航空便による輸送費が販売価格に上乗せされ競争力に響くこと、行政や輸出業者主体の取り組みで成果が見えにくく農業者のモチベーションが高まりにくいことなどを挙げた。

そして農産物輸出金額を2014年の実績から2020年には3億円にまで拡大する目標が掲げられている（3.2倍）。またこの目標を達成するための向けた戦略として以下の6つの項目を掲げている。①品目別輸出促進戦略（牛肉、なし、いちご、ぶどうなど）、②現地バイヤーとの連携拡大、③新たな販売ターゲットの開拓、④輸出競争力強化のための広域連携推進、⑤輸出に対応した産地・施設・技術の構築、⑥インバウンド需要等の取り込みによる本県農産物のファン獲得。

その中でも①品目別輸出促進戦略では、「にっこり」「スカイベリー」などを県の輸出戦略品目に位置づけ、県産品同士の価格競争の回避、ブランド力向上を進めるとしている。以降では現在の主力商品である牛肉、梨を例に挙げ、具体的な動きを整理する。

牛肉についての対象国は、アメリカ、シンガポール、EU、香港であり、県内に新たに産地食肉センターを整備することを通じて、販路や輸出部位の拡大を図る。現在、関東圏内には米国・EU向けの基準を満たした牛肉輸出施設は群馬県の1施設しかなく、とちぎ和牛の輸出も、その施設に依存しており、輸出もロイン系の高級部位のみに限定されている状況にあった。その一方、群馬県の食肉センターの受入は飽和状態である。そこで今後、栃木県芳賀町に㈱栃木県畜産公社を

運営主体とした産地食肉センターを整備し、最新の食肉処理施設とHACCPなどの衛生管理対策を導入する予定である。また栃木県のみならず、潜在的な輸出ポテンシャルを有する関東圏内の新たな輸出拠点として、各生産地の銘柄牛等の輸出拡大にもつながるものとして期待される。

　なしについての対象国はマレーシア、インドネシア、シンガポール、タイなどの東南アジアである。現在の輸出の主力のにっこりは大玉が多く発生する品種である。日本国内で大玉の評価は中玉より安くなるが、東南アジアではニーズがあり高く評価される。しかし現地市場における他国産との価格差がかなり大きい。例えば中国産の小サイズのものが1個あたり約120~130円であるのに対し、にっこりは1,000円となり、約8倍である。同サイズの品種で比較しても約3倍となる。こうした水準においては味が良かったとしても価格差で敬遠されてしまう。そこで、輸送コストの低減を目指し、茨城県および群馬県と連携し、船便によるマレーシアへの試験輸送と、空気組成を変えられる特殊なコンテナを用いた農産物の貯蔵試験を2015年度に実施したところ、「にっこり」については2週間の海上輸送でも品質に問題ないことが明らかになった。その結果を踏まえて、にっこりの輸送手段を従来の航空便から船便に切り替えることができ、輸送コストを1／3～1／5に抑えることが期待できるようになった。現地での販売価格の抑制や、中間層など新しい顧客への販路拡大の余地を広げるものとして期待される。

　またさらなる輸出拡大を狙い県、市町、農業団体、関係機

関、輸出企業等が目指すべき方向性や輸出関連情報を共有し、一体となって輸出を推し進めていくことを目的に、「とちぎ農産物輸出促進会議」を2016年6月に設置している（図8－3）。

構成主体は、県、とちぎ農産物マーケティング協会、ＪＡ全農とちぎ、ジェトロ栃木、ＪＡ中央会、県内全25市町・ＪＡ・生産組織・協議会、輸出関連企業等である。主な取り組み内容は、①当該年度の取り組み方針、②輸出戦略の進捗状況の評価、③輸入規制、検疫条件、本県農産物のニーズ等の各国への輸出可能性、④海外における本県農産物のニーズを踏まえた、生産・出荷計画、出荷体制、⑤相手国における品種・商業登録としている。全体の会議は年1回、専門部会を設置し、随時活動している（牛肉、なし、いちご、ぶどうなど）。

実際に輸出に取り組む主体は農協などの産地段階が多く、県やとちぎ農産物マーケティング協会はバックアップ機能を発揮している。具体的に言えば、栃木県では大掛かりなプロモーションや、バイヤーの招聘、北関東三県の連携などに、とちぎ農産物マーケティング協会は、海外バイヤーの新規開拓、国際見本市等のフォローなどに力を入れている。

このような「とちぎブランド農産物輸出促進事業」が成果を上げ、2016年の輸出額は2億7724万円を達成し、金額ベースで見れば、2020年の目標額3億円の実現も見えてきた（図8－2）。

図8-3 とちぎ農業物輸出促進会議の構成主体と役割分担

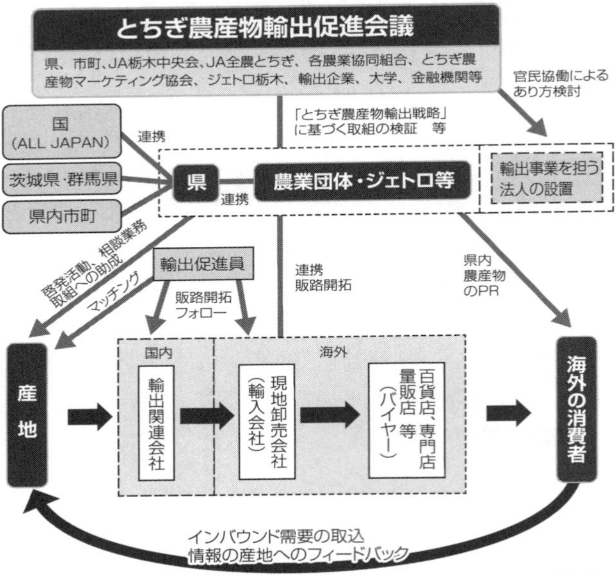

```
とちぎ農産物輸出促進会議
県、市町、JA栃木中央会、JA全農とちぎ、各農業協同組合、とちぎ農
産物マーケティング協会、ジェトロ栃木、輸出企業、大学、金融機関等
```

資料：栃木県農政部経済流通課[11]より引用

4) 栃木県産加工食品の輸出動向

あわせて栃木県産加工食品の輸出動向についても見ておこう。前述したように、行政とのかかわりが薄い輸出に取り組む民間主体の状況を把握することは難しいが、本章では農林水産省[13]を基に接近する。同資料は2008年以降毎年公表される資料であり、各種支援事業の対象者を中心に、農林水産物・食品の輸出に意欲的に取り組んでいる全国の事

例を、1事例あたりA4・1枚程度に整理した資料である。記載事項はあまり統一されておらず、輸出事業主体のすべてを網羅しているわけではないものの、複数年にわたり豊富な事例が記載されており、わが国の輸出事業主体の動向を把握するうえでは有益な資料といえる[注6]。この資料から栃木県の取組を抽出したものが表8－1である。

栃木県においても、民間の食品企業を主体とした加工食品の輸出に取り組む例が少なくないことがわかる。これらの取り組みの中には漬け物のように加工食品であっても原料は県産農産物にこだわることを掲げている主体も一部含まれている。さらなる農産物輸出拡大や県内農業振興の視点からいえば、これらの食品企業との情報共有や連携も今後、強化していく必要が高いといえよう。

4．おわりに

本章では日本全体と栃木県の輸出実績の動向と輸出戦略を整理してきた。

日本全体では特に2013年以降、輸出促進政策が強化されており、輸出実績も増大してきた。しかし輸出の進捗状況をより細かく見ると、品目や地域による差が大きい状況にある。先行して輸出に成功した品目においても、有望な海外市場の飽和・成熟化や類似商品の登場による産地間競争・国際競争など新たな問題が発生しており、決してその座は安泰とは言えない。

表8-1　栃木県の輸出取組主体

品　目	事業者名	輸出先
県産農産物	㈳とちぎ農産物 マーティング協会	世界各国
いちご、なし、さつまいも等	㈱ユーユーワールド	マレーシア
さつき盆栽	鹿沼市さつき盆栽海外 輸出促進協会	欧州
漬け物	㈱おばねや	香港、台湾、韓国等
漬け物	㈱すが野	香港
冷凍とろろいも、カラメル製品等	仙波糖化工業㈱	タイ、ベトナム、シンガポール
柚子商品	万葉柚子協議会	香港
みそ加工品	㈱東京フード	香港、中国
パンの缶詰	㈱パン・アキモト	台湾
即席麺、乾麺	東京拉麺㈱	香港
アイス、中華まん	フタバ食品㈱	香港、アメリカ、台湾、中国
スイーツ	㈱谷八	香港、台湾、上海、マレーシア
日本酒	㈱せんきん	アメリカ、香港、中国等
日本酒	第一酒造㈱	台湾、香港、アメリカ等
日本酒	天鷹酒造㈱	アメリカ、台湾、香港
日本酒	㈱外池酒造	香港、アメリカ、台湾、シンガポール
日本酒	㈱渡邉佐平商店	アメリカ、シンガポール
日本酒	㈱島崎酒造	フランス、イタリア、ドイツ
地ビール	那須高原ビール㈱	香港、シンガポール等

資料：農林水産省［13］平成20〜28年版より、栃木県の事例を抽出
註：過去8年間の資料の掲載時点での情報に基づいているため、現時点での状況は変化している可能性もある

その中で栃木県の農産物の輸出振興は他地域と比較してやや後発的な段階といえるが、最近の日本全体の機運の盛り上がりにも影響されながら、輸出拡大に向けた官民一体の体制やインフラが強化され、成果もあげて始めている。

　しかし輸出に取り組む各主体や各産地の状況は大きく異なるため、あくまでも自らの現状把握と今後の展望を見据えて、慎重かつ計画的に輸出拡大を進めていく必要がある(註7)。一時の機運に流され、輸出金額の拡大そのものを目的とするのではなく、輸出金額の拡大を通じて、どのような農業・食品産業の在り方を目指すのかを視野に入れながら、長期的な輸出振興に取り組んでいく必要があるだろう(註8)。

(註1) さらに「戦略」を継承し発展させるものとして2016年5月19日に、農林水産業・地域の活力創造本部にて、「農林水産業の輸出力強化戦略」が取りまとめられている。ジャパンブランドを標榜し、部門・品目別に部会を設けながら、輸出対策に多額の予算を投入している。

(註2) 農林水産省[15]によれば、FBI戦略とは、以下の3つの取り組みを一体的に展開する戦略を指す。①世界の料理界での日本食材の活用推進(Made FROM Japan：Fと略)、②日本の「食文化・食産業」の海外展開(Made BY Japan：Bと略)、③日本の農林水産物・食品の輸出(Made IN Japan：Iと略)。

(註3) 都道府県単位での農産物輸出促進の取り組みを整理した文献として、下渡[5]、下渡[6]、下渡[7]、小此木[3]、山本[17]があげられる。

(註4) 現時点でも栃木県産品の輸入制限は、福島県に次いで厳しい状況にある。主なものを例示しておく。中国:全ての食品、飼料が輸入停止、香港:野菜・果実などが輸入停止、食肉は政府作成の放射性物質検査証明書を要求、台湾:全ての食品が輸入停止。

(註5) ちなみに、農林水産省[13]の平成21・22年によると、さつきに関して、2005年度には約4,700鉢・2,600万円、2006年度には4,500鉢・約3,800万円の輸出実績があったことが記されている。

(註6) 全国の事例数は、2008年75、2009年104、2010年130、2012年97、2013年123、2014年142、2015年191、2016年248である。その中で栃木県の事例数は、2008年2、2009年3、2010年6、2012年2、2013年1、2014年4、2015年4、2016年5である。ただし複数年にわたり重複して登場する取り組みも一部含んでいる。

(註7) 佐藤[4]は、輸出や海外の事業展開に関する発展段階を国際マーケティング論の枠組みから、以下の6つに整理しており、参考になる。

①輸出を行わず国内生産・販売だけの段階(国内段階Ⅰ)

②国内生産・販売を主体としながら一部を輸出する段階(国内段階Ⅱ)

③国際的な標準品を生産し直接輸出する段階(国際段階Ⅰ)

④相手国のニーズに適応した製品について現地チャネルを利用して輸出する段階(国際段階Ⅱ)

⑤世界的な標準品を生産しグローバルな販売チャネルで販

売する海外事業重点企業の段階(グローバル段階Ⅰ)
⑥世界中の生産拠点で世界的な差別化商品を生産しグローバルな販売チャネルや現地の販売チャネルで販売する多国籍企業の段階(グローバル段階Ⅱ)

その上で、生鮮食品を中心としたこれまでの輸出事例の大半は国内段階Ⅰから国内段階Ⅱへ一歩踏み出した段階にあり、ごく一部が国際段階Ⅰまたは国際段階Ⅱに到達しているに過ぎないとしている。

神代[9]はこの枠組みを加工食品の輸出事例に当てはめ、大企業はグローバル段階Ⅰもしくはグローバル段階Ⅱ、中小企業は国内段階Ⅱあるいは国際段階Ⅱと整理し、生鮮食品との段階差の大きさを指摘している。

(註8)本稿では紙幅の制約のため論じきれなかったが、海外の需要を取り込んだ県内農業・食品産業の今後の在り方を考慮する際には、農産物輸出に加えて、日本への外国人観光客(インバウンド)への対策などとも合わせて、総合的に考える必要性が高いといえよう。

参考文献 ―――――――――――――――――――――――

[1] 石塚哉史「農産物・食品輸出の現段階的特質と展望」『農業市場研究』第25巻第3号、2016、pp.4-13。

[2] 石塚哉史・神代英昭『わが国における農産物輸出戦略の現段階と展望』(日本農業市場学会研究叢書14)筑波書房、2013。

[3] 小此木伸一「群馬県の農畜産物輸出の現状と今後の可能性」『ぐんま経済』385号、2015、pp.18-23。

[4] 佐藤和憲「農産物輸出におけるマーケティングの課題」齋藤修・下渡敏治・中嶋康博編『東アジアフードシステム圏の成立条件』農林統計出版、2012、pp.61〜78

[5] 下渡敏治「熊本県における農産物輸出への取り組みと今後の展望」『野菜情報』、59巻、2009年、pp.13-21。

[6] 下渡敏治「輸出応援農商工連携ファンドの創設によって農産品の輸出拡大を目指す福岡県の取組みとその課題」『野菜情報』、74巻、2010、pp.16-28。

[7] 下渡敏治「鳥取県における農産物輸出の取り組みとその課題:ロシア極東地方(ウラジオストック)への輸出」『野菜情報』、93巻、2011、pp.28-40。

[8] 神代英昭「日本産加工食品の輸出の現状と課題」『開発学研究』第25巻第3号、2015、pp.12-19。

[9] 神代英昭「日本産加工食品の輸出の意義と現段階」『農業市場研究』第25巻第3号、2016、pp.28-36。

[10] 栃木県農政部経済流通課「平成28年度県産農産物の輸出実績について」、2017年5月23日。

[11] 栃木県農政部経済流通課「とちぎ農産物輸出促進会議について」、2016年6月3日。

[12] 砺波謙吏「これまでの日本畜産物輸出振興の取り組みと今後について—牛肉輸出振興の軌跡と今後の取り組みを中心に—」『農業市場研究』第25巻第3号、2016、pp.14-23。

[13] 農林水産省「農林水産物等の輸出取組事例」各年度版。

[14] 農林水産省「Ⅰ.どうして今、輸出に取り組むのか」『農林水産物・食品の『輸出』についてのヒント集』、2009。

［15］農林水産省『農林水産物・食品の国別・品目別輸出戦略』、2013。
［16］農林水産省・食料産業局輸出促進課「農林水産物・食品の輸出促進について」、2016。
［17］山本祐次「拡大する世界の食市場への挑戦！―徳島県における農林水産物の輸出促進の取組み―」『農業市場研究』第25巻第3号、2016、pp.24-27。

第 9 章

木質バイオマス発電の
地域経済に対する効果

加 藤　弘 二

1. はじめに

　本稿では、栃木県那珂川町にある那珂川バイオマス事業を対象とし、小規模木質バイオマス発電の温室効果ガス削減効果と経済効率性を評価するとともに、バイオマス発電がもたらす地域経済への効果について考察する。

　2015年の国連気候変動枠組条約第21回締約国会議（COP21）で採択されたパリ協定では、各国が温室効果ガスの削減目標を条約事務局に提出することとなっている。日本は2030年度に温室効果ガスの排出量を2013年度比26％削減するという目標を掲げており、その達成は日本社会の重要な課題の一つである。

　バイオマス発電に代表される木質バイオマスのエネルギー利用は、二酸化炭素排出を削減するだけではなく、森林資源の管理を促進することによって環境保全や農山村の活性化にもつながることが期待されている。一方、木質バイオマスの利用には、コストや燃料材調達の安定性などの点で課題があるとも言われている。そこで、本稿では、現在栃木県内で稼働している那珂川バイオマス発電所を分析対象とし、温室効果ガス排出量と発電コストを計測することで排出削減効果と経済効率性を数量的に評価するとともに、発電所が稼働した後の地域経済の変化を聞き取り調査などで明らかにすることによって、農村地域における木質バイオマス利用の意義と可能性を考察する。

2. バイオマスエネルギーの現状と木質バイオマスの課題

1) FITと再生可能エネルギー

　発電部門は、我が国の温室効果ガスの排出の約3分の1を占めており、特に東日本大震災の後に原子力発電所が停止されてからは、火力発電による二酸化炭素の排出が増加している。2030年の削減目標を達成するためには、エネルギーの効率的利用や省エネルギーをさらに進めるとともに、発電のエネルギー源を化石燃料からシフトさせることが欠かせない。

　2015年に閣議決定された2030年のエネルギーミックス（電源構成）では、既存の水力発電を含めて22〜24％の電力を再生可能エネルギーで賄うという目標が設定されている（表9−1）。再生可能エネルギーの導入を促進するために、2012年から固定価格買取制度（FIT）が施行されている。この制度は、再生可能エネルギーで発電した電気を電力会社が一般の一定価格で買い取ることを定めたものであり、一般の電気料金よりも高い価格を保証することによって、現状ではコストの高い再生可能エネルギーの普及を進めることを目的としている。

　再生可能エネルギー発電の導入状況と、FITにおける買取電力量を表9−2に示す。FITが施行されてから再生可能エネルギー発電の導入が進み、どのエネルギー源においても買取電力量は増加しているが、特に太陽光発電の増加が著

表9-1　2030のエネルギーミックス

	割合(%)	発電量[1] (億kwh)
再生可能エネルギー	22〜24	2450
水　力	8.8〜9.2	959
太陽光	7.0	746
風　力	1.7	181
バイオマス	3.7〜4.6	453
地　熱	1.0〜1.1	112
原子力	20〜22	2237
LNG	27	2876
石　炭	26	2769
石　油	3	320

資料：経済産業省「長期エネルギー需給見通し」平成27年7月
註1)：発電量は総発電電力見通し(1兆650億kwh)に各エネルギー源の割合を掛けて算出

しい。太陽光発電は、1MW以上のメガソーラを中心に発電設備が増加し、現在ではFITにおける設備導入容量の8割以上、買取電力量でも7割以上を占めている。2030年エネルギーミックスにおいて、太陽光発電は電源構成の7%と見込まれている。これは、約746億kWhの電力量に相当するが、2015年度の買取電力量は、この目標値の4割に達している。

　一方、他のエネルギー源では、太陽光発電ほど施設の導入は増えていない。風力発電は、2015年度の買取電力量がエネルギーミックス2030の目標値の29%になっているが、多くの施設がFIT導入以前から稼働していたもので、買取電力量の増加のペースは緩やかである。また、バイオマス発電は、FIT施行後施設の導入が進み、買取電力量は着実に増加し

表9-2 FITにおける再生可能エネルギー発電の稼働状況

	導入容量(kW) 2016年11月	買取電力量(万kWh)			2015年度買取電力量の2030年エネルギーミックスの目標値に対する比率
		2013年度	2014年度	2015年度	
太陽光発電(10kW未満)	9,170,147	485,686	578,018	648,628	41.7%
太陽光発電(10kW以上)	27,353,574	425,467	1,317,731	2,459,108	
風力発電設備	3,126,455	489,638	492,082	523,260	28.9%
水力発電設備	433,379	93,553	107,277	147,633	3.3%
地熱発電設備	11,258	571	608	5,881	0.5%
バイオマス発電	1,885,676	316,940	364,438	539,014	11.9%
合計	41,980,488	1,811,855	2,860,154	4,323,525	

資料:固定価格買取制度情報公表用ウェブサイト

ているものの、2015年度の買取り電力量は2030年エネルギーミックスの目標値の1割程度である。地熱発電については、2015年度の買取り電力量はエネルギーミックス2030の目標値の1%にも達していない。なお、水力発電については、現時点で発電量全体の9%程度の電力量を発電しているが、既存の大規模発電はFITの対象となっていないため、FITにおける買取電力量の比率は低くなっている。

　再生可能エネルギーの導入が太陽光発電に偏っていることは、電力の安定供給という点で問題がある。太陽光発電は、日中しか発電することができず、発電量が天候に左右されるため不安定である。そのため、ベース電源として期待することはできない。これに対して、バイオマス発電や地熱発電は、発電量に変動が少なく、安定的な電源として利用できるという利点がある。パリ協定における温室効果ガス削減目標を達成するためには、バイオマス発電の拡大は欠かせないと言えるだろう。

2) バイオマス発電の導入状況

　表9−3はバイオマス発電の導入状況を燃料別にみたものである。導入容量については、発電設備の発電容量全体の値と、燃料のバイオマス比率を考慮して算出した値の両方を示している。

　未利用木質バイオマスとは、木材やパルプ用として利用されず従来は山に捨てられていた林地残材を燃料にするもので

表9-3 バイオマス発電の導入状況

		メタン発酵ガス	未利用木質		一般木質・農産物残さ	建設廃材	一般廃棄物・木質以外
			2,000kW未満	2,000kW以上			
移行[1]認定分	件数	29	4	3	10	29	157
	導入容量(kW)	11,314	3,038	2,198,800	1,327,740	1,115,240	2,343,866
	バイオマス比率考慮あり(kW)	11,201	3,038	6,015	73,800	331,916	699,670
新規[2]認定分	件数	85	5	29	18	2	58
	導入容量(kW)	25,148	6,240	627,100	440,969	9,300	1,201,407
	バイオマス比率考慮あり(kW)	25,099	6,240	272,156	273,769	9,300	173,472
買取価格(円/kWh)[2]		39	40	32	24	13	17

資料:固定価格買取制度情報公表用ウェブサイト
註1:移行認定分とはFITが施行された2012年7月以前に稼働しており、FIT施行後に同制度に認定された施設のことである
註2:買い取り価格は2016年度の値であり、消費税が加算される

ある。丸太から製材する際に発生する端材は、一般木質バイオマスに分類される。FITでは発電コストに見合うように買取価格を設定しているため、燃料の分類によって買取価格が異なっている。また、小規模な発電施設ではコストが高くなるため、未利用木質バイオマス発電においては2,000kWh未満の小規模発電施設からの買取価格を40円に設定している。

　燃料区分ごとに導入状況をみると、買取価格が高く設定されている未利用木質バイオマス、一般木質バイオマス・農産物残さ、メタン発酵ガスを燃料としたバイオマス発電は、FIT施行後に急速に拡大していることが分かる。

3) 木質バイオマス発電の課題

　FIT導入以降、急速に拡大している木質バイオマス発電であるが、それによって様々な問題が懸念されている。図9−1はFITで認定された木質バイオマス発電所で利用される予定の燃料材の割合を示している。日本の木質バイオマス発電では、原料の55%以上が海外から輸入されたものである。木質バイオマスは、燃焼による二酸化炭素の排出が樹木の生長の際の光合成で相殺されるため、カーボンニュートラルと考えられているが、化石燃料を消費して長距離を輸送されてきた輸入バイオマスは、カーボンニュートラルとは言えない。また、FITにおける電気の買取価格は高く設定されており、日本の発電事業者は輸入バイオマス燃料を高い価格で買うことができる。そのため、元来生産国であるインドネシアやマ

レーシアで使われていたPKS（パームヤシの実の種の殻）が日本に輸出され、生産国ではPKSの代わりに化石燃料が使用される可能性もある。もしこうなってしまうと、地球規模の温室効果ガス排出削減に全く効果がないか、PKSの輸送に燃料がかかる分、かえって排出量が増加することも考えられる。

輸入された木質バイオマスは、大規模のバイオマス発電所で利用されることが多い。また、規模の大きい発電所においては、バイオマス燃料のみで発電するのではなく、石炭などと混焼させているのが一般的であり、バイオマス比率の分だけしか二酸化炭素の排出削減効果は生じない。

バイオマス発電は、規模が大きくなるほど発電効率が良くなり、利潤が出やすくなるため、発電事業者は規模の大きい発電所を建設する傾向がある。その結果、バイオマス燃料の

図9-1 認定された木質バイオマス発電所の原料予定利用割合

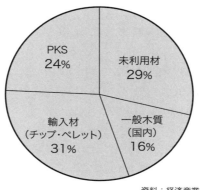

資料：経済産業省 [1]

需要が急激に伸び、燃料用木材やパルプ材の価格が上昇している地域もある。日本全体でみると未利用木材の賦存量は年間約2000万m^{3}と豊富にあるが、利用するためには林道整備など材を搬出する仕組みが必要となるため、短期間で対応できるものではない。

4) 小規模木質バイオマス発電所のメリットと課題

　前項で述べたように、発電効率のみを追求した大規模バイオマス発電の導入は、燃料供給などの面で様々な問題を抱えている。これに対して、地域の森林資源や林業の状況に合わせた小規模の木質バイオマス発電所が各地に建設・計画されている。小規模木質バイオマス発電所のメリットは以下のような点である。
・地元の森林資源を利用するので安定的な燃料供給が可能である。
・燃料材の輸送距離が短く、輸送による温室効果ガスの排出が少ない。
・未利用材を燃料材として搬出することで、森林資源の管理が進み、農山村を取り巻く環境が良くなる。
・農山村地域の雇用が生まれる。

　一方、小規模バイオマス発電は、発電効率が低くなり発電コストが高くなる。一般的に、2,000kW程度の規模の発電所では、発電効率は20％に達しないことが多い[1]、[5]。2015年から2,000kW未満の未利用材を燃料とする木質バ

イオマス発電の買取価格が40円に引き上げられたが、発電事業単独では利潤を確保することは困難である。

　事業の採算性を改善する方法として、発電と熱利用との併設が挙げられる。これは、木質バイオマス発電全体に言えることであるが、発電効率が悪い小中規模の発電所、なかでも特に燃料材のコストが高くなる未利用材を燃料としたバイオマス発電事業においては、熱利用の重要性は大きい。しかし、FIT制度に認定されている事業の中で、熱利用も行っているものは少数である。次節で取り上げる那珂川バイオマス事業は、熱利用を行っている数少ない事例の一つである。

3. 那珂川バイオマス事業

1) 那珂川バイオマス事業の概要

　那珂川バイオマス発電所は、栃木県矢板市に本社を置く日本有数の製材業者である(株)トーセンによってつくられた木質バイオマス発電所である。那珂川町の中学校跡地に建設され、2014年から売電を開始した。発電所の運営は、トーセンの関連会社である株式会社那珂川バイオマスが行っている。

　発電所の出力は2,500kWであり、所内で使う分を除き約2,200kWを売電している。発電所は、1年間のうちメンテナンスで停止する20日間を除いて、345日24時間稼働しており、年間の売電量は約1800万kWhである。

発電用ボイラーの燃料は木質チップで、間伐材等由来の未利用木質バイオマスと、製材端材由来の一般木質バイオマスを利用している。年間の木材使用量は約5万トンであり、その内訳は、計画では未利用木材が約4万トン、製材端材が約1万トンとなっている。

　図9-2に那珂川バイオマス事業の概要を示す。バイオマス発電所の燃料となる未利用木材は、栃木県内の森林組合と民間林業施業者から供給されている。

　那珂川バイオマス事業の特徴の一つは、木質バイオマス発電所と製材工場が隣接していることである。製材工場で発生した端材を発電所に投入することができ、発電コストを抑えることができる。また、木材を集める際には、全量集材という方法を採用している。通常、木材を売買する際には、製材用材、燃料用材などと出荷者（林業施業者）が分別して搬入する。全量集材においては、山林から出た木材を一括して那珂川工場に搬入し、選別機で等級（曲り）と太さを測る。良質の材は製材用に使われ、曲りが大きいなど製材できない材は、チップ化され、未利用木質バイオマス燃料として発電に利用される。

　選別された木材の価格は等級別に決められているが、共販所での価格よりはやや低めに設定されていることが多い。全量集材で出荷する林業施業者にとっては、多少価格は安くても自分で選別する手間が省ける、山林から出た木材は全て買ってもらえるというメリットがある。

　那珂川バイオマス事業のもう一つの特徴は、発電と熱利用

の両方を行っていることである。発電所に隣接する製材工場の乾燥用ボイラーの余熱を小規模の農業用ハウスとウナギの養殖に利用している。さらに、熱利用専用のボイラーを発電所とは別の場所に建設し、工場での乾燥用ボイラーとして熱を販売するとともに、余熱を農業用ハウスに利用している。

那珂川バイオマス発電所は、出力が2,500kWの小規模発電所である。発電効率の面では不利であるが、近隣から無理なく集材し、輸送コスト・輸送による温室効果ガスの排出を削減することを目的に、小規模の発電所を選択している。トーセンでは那珂川バイオマス事業を「エネルフォーレ50」と名付け、50キロ圏内で集材、熱利用、産業振興・雇用促進を行うことを目指している。再生可能エネルギーを核に、地域経済の活性化を目指すという動きは、バイオマスエネル

図9-2　那珂川バイオマス事業の概要図

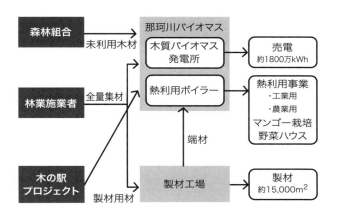

ギーの特徴と言えるだろう。

　以下では、小規模木質バイオマス発電が温室効果ガスの排出削減を実現しているのか、発電コストが高くなる中で事業の採算が取れるのかを検証するため、那珂川バイオマス事業のデータを用いて、温室効果ガスの排出量と発電コストを計測する。さらに、聞取り調査を参考に、バイオマス事業が地域の雇用や経済にどのような影響を与えているかを考察する。

2) 温室効果ガスの排出量

　バイオマス発電における燃焼時の二酸化炭素の排出量は、カーボンニュートラルの考え方に従いゼロと見なすのが一般的である。しかし、燃料となる木材の伐採や輸送には化石燃料が使われているので、バイオマス発電の温室効果ガス削減効果を評価するためには、燃料を製造・投入するまでの過程を全て考慮して二酸化炭素の排出量を計測する必要がある。ここでは、LCA (life cycle assessment) によって、那珂川バイオマス発電所において、発電される電力1単位あたりの二酸化炭素排出量を計測した結果を示す[註1]。

　LCAによる計測の範囲は、木材の伐採から発電用ボイラーに燃料を投入するまでとする。この工程は、以下の5つに分けられる。
　1. 収穫　森林の木を伐採する過程
　2. 集材　林内から林外へ搬出する過程

3. 収集　山元から土場まで運ぶ過程
4. 輸送　土場から集材場所へ運ぶ過程
5. 破砕　木材（丸太）をチップ化する過程

　それぞれの工程で、グラップル、フォワーダなどの林業用機械、トラックなどの輸送用自動車が用いられ、それらを動かすための燃料や電力が必要となる。この工程で1年間に排出される二酸化炭素の総量を年間の発電量で割ることによって、1単位あたりの二酸化炭素排出量を求めることができる。作業工程上で排出される部分を運用エネルギーと呼ぶ。また、作業に用いる機械や発電所の施設を製造・建築する際にも、エネルギーが必要であり、二酸化炭素が排出される。機械や設備をつくる際に排出される部分を素材エネルギーと呼ぶ。

　運用エネルギーの計測は以下のような手順で行った。まず、燃料用木材を出荷している代表的な事業者（森林組合と民間林業施業者）に聞き取り調査を行い、使用している機械の種類に関する情報を得た。その情報をもとに、標準的な燃料使用量を既存の文献で調査し、1年間の燃料使用量を推計した。輸送に関しては、利用しているトラックの種類を把握するとともに、事業者の住所から那珂川バイオマス発電所までの距離を算出し、トラックの標準的な燃費を用いて消費する燃料の量を推計した。

　素材エネルギーに関しては、重機や発電所を作るために必要な鋼材、アルミニウム、コンクリートの量を既存の文献を参考に求め、製造・建設の際に排出された二酸化炭素の

量を推計し、耐用年数で割ることによって1年間あたりの素材エネルギーを求めた。林業用機械に関しては、主に製材用の木材の作業に用いられ、燃料用の木材に係る部分は副次的なものであるため、作業時間によって未利用木材の搬出に係る素材エネルギーを計算している。

計測の結果、那珂川バイオマス事業において、1kWhの電力量を発電する際に生じる二酸化炭素の排出量は61.8gとなった（表9－4）。工程別にみると、トラック燃料（収集と輸送）に関する部分が最も大きく、約50gとなっている。林業作業に関する部分では、玉切りした木材を林外へ運ぶフォワーダの燃料による排出が大きい。素材エネルギーに関しては、全て合わせても6g程度であり、二酸化炭素の排出の9割を運用エネルギーが占めている。

表9-4　1kWhあたりの二酸化炭素排出量

項　目	CO_2排出量 (gCO_2/kWh)
運用エネルギー	55.86
収集と輸送	49.93
グラップル	0.17
フォワーダ	5.71
チッパー	0.05
素材エネルギー	5.95
グラップル	0.04
フォワーダ	1.33
チッパー	0.76
発電所	3.83
合　計	61.81

資料：吉川[6]より引用

那珂川バイオマス事業における1kWhあたり二酸化炭素排出量を従来の火力発電と比較すると（図9-3）、石炭火力発電の7.1％、石油火力発電の8.9％となった。温室効果ガスの排出削減においては、効果が高いと言える。発電施設が小規模のため、近隣から燃料用木材を無理なく集めることができ、輸送距離が短くなっていることが、温室効果ガスの排出削減に貢献している。

図9-3　那珂川バイオマス事業と火力発電との比較

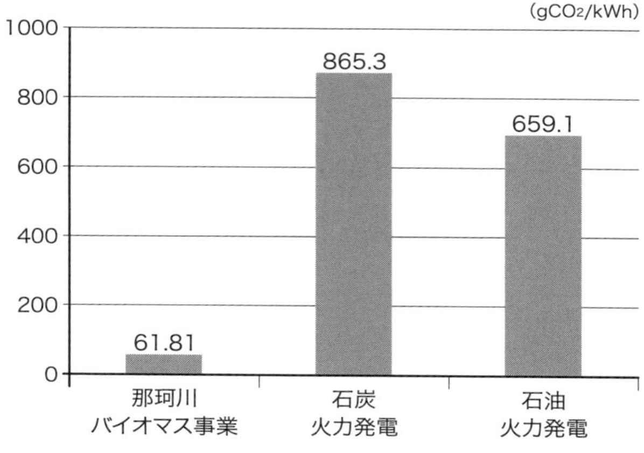

(gCO_2/kWh)

- 那珂川バイオマス事業: 61.81
- 石炭火力発電: 865.3
- 石油火力発電: 659.1

資料：吉川[6]より引用

3）発電コスト

　発電コストの試算は柳田他[5]の計算方法を用いて、総費用を発電電力量で除して求めた。発電コストの試算式は以下

の通りである。

EPC（円/kWh）＝（A＋B＋C＋D F G＋H＋I）/ K

ただし、

EPC：発電コスト、A：燃料費、B：減価償却費、C：固定資産税、D：人件費、E：保守・点検費、F：保険費、G：一般管理費、H：灰処理費用、I：ユーティリティー費、K：総発電量

である。発電コストを構成するそれぞれの費用は、聞取り調査などから実際の費用が分かったものはその値を使い、分からないものについては柳田他[5]などを参考に推計した。

コストの中で最も大きな割合を占める燃料費の算出方法について述べる。燃料に用いる未利用木材の買取価格は、現在は4,000円/m³である。買い取った時点での木材の比重はおおよそ0.75ということなので、1トンあたりの価格は5,333円/tとなる。

原料の価格は、木材の買取価格にチップ化コストを加えた値である。チップ化コストに関しては、大部分が工場内の固定式チッパーという低コストの方法で行われていることから、既往の計測例を参考に2,000円/tと設定した。未利用木材の買取価格にチップ化コストを加えると、未利用材の燃料チップの価格は7,333円/tとなる。

那珂川バイオマス発電では、未利用材とともに隣接する製材工場で発生する製材端材もチップ化され燃料に使われている。製材端材に関しては、チップ化コストのみで手に入ると想定する。1年間に使用されている木材は、未利用材が約

4万トン、製材端材が約1万トンとなっているので、未利用材と製材端材の使用量の比率を 4：1 と設定すると、燃料価格FPは、

FP＝0.8×7,333＋0.2×2,000=6,266（円/t）

と算出される。

試算の結果、1kWhあたりの発電コストは約29.5円と算出された。コストの内訳をみると（表9-5）、燃料費（チップ化コストも含む）の割合が約58%で最も高く、以下、減価償却費が約13%、保守・点検費が約9%と続いている。

FITにおける買取価格は、未利用木質バイオマスが32円/kWh、一般木質バイオマス（製材端材）が24円/kWhなので、燃料の使用比率で加重平均をとると、買取価格は30.4円/kWhとなる。那珂川バイオマス事業における発電コストの

表9-5　単位あたり発電コストの内訳

	発電コスト （円/kWh）	構成割合 （%）
単位あたり発電コスト	29.49	―
燃費量	17.20	58.3%
減価償却費	3.84	13.0%
固定資産税	0.74	2.5%
人件費	2.20	7.4%
保守・点検費	2.74	9.3%
保険費	0.31	1.0%
一般管理費	0.55	1.9%
灰処理費用	0.82	2.8%

資料：柳田他[5]およびトーセン那珂川工場における聞取り調査より作成

試算結果は、買取価格をわずかではあるが下回っており、発電事業としてぎりぎり採算がとれている状況と言える。2015年度から2,000kW未満の規模の未利用木質バイオマス発電のFIT買取価格が40円/kWhに引き上げられたことが示すように、小規模の木質バイオマス発電で採算をとることは困難であると言われている。那珂川バイオマス事業において、採算性が実現している理由としては、以下の二つが挙げられる。

　第一に、未利用木材を4,000円/m³（5,333円/t）という低い価格で入手できていることである。一般的に、間伐材を伐採してチップ化したときの燃料価格は、12,000円/t程度には達すると言われている[5]。那珂川バイオマス事業に最も多くの燃料用木材を供給している那須町森林組合では、皆伐と機械化によって効率的な林業生産を実現しており、木材供給の面からバイオマス事業を支えている。また、全量集材によって近隣の林業施業者から伐採した木材を一括して買い入れており、未利用木材も一定の割合で入手することができている。

　第二の理由は、隣接する製材工場から製材端材を入手できることである。那珂川バイオマス事業で利用している製材端材は、ほとんどが隣接する工場から発生したもので、ほぼチップ化コストのみで燃料とすることが可能である。表9−6には、他の条件は変えず、未利用材のみで発電を行った場合の発電コストを示した。未利用材のみを使用して発電を行った場合、燃料費の上昇により発電コストは32.4円/kWhになると試算され、FITにおける買入価格を上回ってしまうことが

分かる。

　那珂川バイオマス事業では、近隣の効率的な林業や、製材工場との綿密な連携によって、小規模であるにもかかわらず発電コストをFIT買取価格以下に抑えており、採算性が実現されていることが明らかとなった。以下では、那珂川バイオマス事業によって、地域の林業や経済にどのような影響が生じているかについて述べる。

表9-6　燃費構成による発電コストの変化

単位：円/kWh

	未利用材（8割）と製材端材（2割）	未利用材のみ
単位あたり発電コスト	29.49	32.42
燃費量	17.20	20.13
その他	12.29	12.29
FITにおける買取価格	30.40	32

資料：表9-5より作成

4)　林業に対する影響

　那珂川バイオマス事業の林業に対する影響を明らかにするため、バイオマス事業に燃料用木材を供給している那須町森林組合と民間林業施業者のS社に対して聞き取り調査を行った[註2]。

那須町森林組合

　那須町森林組合は、年間約400〜450haの森林を伐採しており、未利用材の生産は約2,000tである。そのうち、7割

にあたる約1,400tを那珂川バイオマス事業に供給している。未利用材の残り3割は、製紙用として出荷している。伐採した木材は、その時点で選別を行い、自社の土場（木材の一時的な保管場所）で等級別に保管する。那珂川バイオマス事業で行っている全量集材は利用しておらず、未利用材のみを那珂川工場へ出荷している。品質の良いA材は、共販所を通して出荷している。

那珂川バイオマス事業が始まるまでは、製紙用チップとして3,000円/m³で出荷するしか売り先がなかったので、未利用材の多くは森林に放置されていた。那珂川バイオマス事業で未利用材を4,000円/m³で買い取るようになったので、手間はかかるが未利用材も搬出するようになった。未利用材を搬出することによって、伐採後の作業をする際の安全性、効率性が向上するなどの効果が見られている。

S社

S社は栃木県那須郡那珂川町の素材生産業者である。年間の生産量は約3万tであり、そのうち約65％に相当する量を、那珂川バイオマス事業で行っている全量集材を利用して出荷している。残りの材は、栃木県内の1社と茨城県の1社と取引しており、共販所へは出荷していない。未利用材に関しては、全量を那珂川バイオマス事業へ供給している。

全量集材を利用することによって、選別の手間が省けることと、木材を一時的に保管する土場が不要になるというメリットがある。また、那須町森林組合と同様に、今まで林内

に捨てられていた未利用材を搬出することで、再造林の作業効率が向上するという効果も表れている。

　那須町森林組合、S社ともに、バイオマス事業によって未利用材の出荷先ができたという点は高く評価していた。しかし、4,000円/m³という価格は、今まで放置していた木材を搬出する人件費を埋め合わせられる程度の水準であり、積極的に森林の伐採を拡大するほどのものではない。未利用材の活用のために、新規に雇用を増やすこともないという話であった。

5) 地域経済への影響

　那珂川バイオマス事業では、発電だけでなく熱利用も行われている。発電所がある那珂川工場では、木材乾燥用ボイラーの余熱を活用して農業用ハウスとウナギ養殖池への熱供給を行っており、小規模ではあるがマンゴーの栽培と試験的なウナギ養殖に活用されている。

　また、発電施設とは別に熱利用ボイラーが稼働しており、隣接する工場などへ熱を供給している。熱利用ボイラーでは、トーセングループの工場から発生した製材端材を中心に、1年間に約2万tの木質バイオマスが利用されている。

　工場への熱供給以外に、ボイラー施設近くに農業用ハウスを整備し、マンゴー、ドラゴンフルーツ、ナスなどの野菜が生産されている。熱供給はトーセングループが行っている

が、利用する側は近隣の農業生産者などトーセングループ以外の事業者であり、熱利用組合を組織して活動している。マンゴーは「なかよしマンゴー」、ナスは「那珂川バイオナス」というという名称で、環境面での特色もアピールして販売を行っている。

マンゴーの栽培は、前項で触れた素材生産業S社の関係者が行っている。マンゴー栽培に関連して、S社では1人を新規に雇用した。現時点では木が若く生産量が少ないものの、品質を重視して栽培されており、生産されたマンゴーは、糖度が20あり宮崎産マンゴーと同等の価格で取引されている。マンゴーなどの熱利用事業においては、石油ボイラーの燃料費よりも低い単価で熱利用料金が徴収されている。

熱利用事業の計画当初は、熱利用ボイラーに隣接してウナギの養殖池も作られる予定であった。ウナギの養殖は、那珂川町内で川魚の販売を行っているH社によって計画されたものである。本格的に事業を開始するのに先立ち、那珂川工場内で木材乾燥用ボイラーの余熱を利用した養殖試験を行っていた。しかし、熱利用ボイラーに隣接した養殖池は、農地転用の許可が下りず、H社は独自で薪ボイラーを導入し、別の場所でウナギの養殖を開始した。

ウナギの生産量は年間6万匹であり、全て自社で販売されている。H社は以前からウナギを仕入れて、加工・販売を行っていたが、現在は販売量の4割が自社で養殖したものとなっている。

自社で養殖池を作る際に、重油ボイラーを導入することも

第 9 章

選択肢にあったが、計画段階から熱利用組合に加入していたこともあり、薪ボイラーの導入に踏み切った。燃料の木材は、同組合で知り合ったS社から一部無償で提供してもらっている。

　薪ボイラーは冬期の間だけ使用し、1日4m³の木材を投入する。現時点で薪の原料となる木材は無償でもらえているが、丸太から薪に加工し、ボイラーに投入する手間が大きいので、重油代の代わりに人件費が必要になる。それに加えて、薪ボイラーの価格は高く、重油ボイラーの10倍程度するので、経済性からみると薪ボイラーは有利とは言えない。この点に関してH社の代表取締役のK氏は、「石油に払うと地域の外へ出してしまうお金だが、人に支払うと地域に残り、地域の活性化にもつながる。」と話していた。

　H社では、ウナギ養殖の導入に伴い3人の従業員を新規に雇用した。ウナギ養殖事業は、現在は那珂川バイオマス事業と直接の関係はなくなっているが、計画の経緯を考えるとバイオマス事業の副次的な効果と言えるだろう。

4. 小括

　本章では、那珂川バイオマス事業を対象とし、小規模木質バイオマス発電の効果を、温室効果ガス排出削減、事業の採算性、林業および地域経済への影響、という視点から考察した。温室効果ガスの排出削減という面では、木質バイオマスの利用は大きな効果があることが確認された。

一方、事業の採算性という面では、小規模発電施設の効率の低さから、困難な状況にある。那珂川バイオマス事業に関しては、発電部門単独で採算がとれているという試算結果になったが、それは、地域の林業からの安価な未利用材の供給と、バイオマス事業と製材業との密接なリンクのお蔭で何とか成り立っているものであり、燃料材の価格が上がると採算が取れなくなる恐れがある。西日本では、未利用材の価格が6,000円/m^{3}を上回ることも珍しくなく、将来は那珂川バイオマス事業でも燃料材の価格上昇に直面する可能性が高い。

　燃料材の価格上昇に対応するためには、熱利用部門も相応の収益を上げる必要がある。バイオマス燃料を利用して生産していることの意義を消費者に伝え、その分のプレミアムを付けて販売することが、熱利用部門の収益向上において重要である。

　現在行われているマンゴーやナスの栽培以外でも、安定的で安価な熱供給は農業にとって魅力的なものである。1m^{3}のスギを熱利用ボイラーで燃焼させたときに利用できる熱量は、灯油に換算すると約130Lに相当すると言われている[4]。つまり、燃料用のスギの価格が6,500円/m^{3}だとしても、灯油換算では50円/Lということである。工夫しだいで、利用の可能性は大いにあるのではないだろうか。

　木質バイオマスエネルギーの利用を通じて、林業、農業、および他の地域産業の連携が深まることは、それぞれの産業の成長だけではなく、地域経済全体の活性化にもつながる。

第 9 章

特に雇用の拡大という点は、木質バイオマスエネルギーの大きな強みであり、今後、農林業の連携を強化することによって、さらに地域の雇用を拡大していくことが期待される。

(註1)LCAによる計測の詳細は、吉川[6]を参照。
(註2)本項の内容は竹村[3]および吉川[6]を参照。

参考文献

[1] 経済産業省『平成27年度新エネルギー等導入促進基礎調査(持続的なバイオマス発電のあり方に係る調査報告書)』2016
   http://www.meti.go.jp/meti_lib/report/2016fy/000971.pdf
[2] NPO法人バイオマス産業社会ネットワーク『バイオマス白書2016』
   http://www.npobin.net/hakusho/2016/
[3] 竹村和樹『木質バイオマス発電の採算性分析－那珂川バイオマス事業を事例に－』平成28年度宇都宮大学農学部農業経済学科卒業論文、2017.
[4] 東京農業大学農山村支援センター『再生可能エネルギーを活用した地域活性化の手引き～森林資源と山村地域のつながりの再生をめざして～』第2章木質バイオマスエネルギー編
   http://www.rinya.maff.go.jp/j/sanson/kassei/kenyukai.html
[5] 柳田高志、吉田貴紘、久保山裕史、陣川雅樹「再生可能エネルギー固定価格買取制度を利用した木質バイオマス事業における原料調達価格と損益分岐点の関係」『日本エネルギー学会

誌』94巻、2015、311-320.

[6] 吉川和樹『木質バイオマスエネルギー利用における温室効果ガスの排出削減効果と事業採算性の分析－那珂川バイオマス事業を事例に－』平成28年度宇都宮大学農学研究科修士論文、2017.

第 10 章

Iターン者の活躍を支える限界集落のもつ"明るさ"
―栃木県佐野市秋山地区を事例として―

閻　美芳

1．Iターン者が地域おこしの担い手になるには

　地元とは異なる価値観をもって中山間地域に定住目的で来訪するIターン者の存在が、近年、クローズアップされるようになっている。

　Iターン者は、豊かな自然環境に惹かれ、それまでの自らのライススタイルを見直すだけでなく、その地域の振興や課題解決に対して積極的な関心を示す人も多い。たとえば、関谷龍子および大石尚子によると、京都府南丹市美山町在住のIターンする者は、高いマインド、スキル、ツールを持ち、地域社会に溶け込む柔軟性もあわせもっているという。すなわち地域創生を担う人材としてのソーシャル・イノベーターの役割を地域社会で果たしているのである。他方で、Iターン者は、日本の伝統的な共同体の中では、あくまでも「よそもの」である。そのため、地域住民とともに地域社会を改変させる担い手までには至っていない場合が多いことも指摘されている[1]。

　そうなると、Iターン者が「よそもの」という看板から解放され、地域の一員として地元住民と一緒になって地域の再生に取り組むことができるための条件とはいかなるものであるのかが、次の課題となる。そこで本章では、栃木県の山村・佐野市秋山地区の取り組みを事例に、この点を考察していきたい。

　佐野市秋山地区は、栃木県内でも獣害対策に積極的に取り組む地域として知られている。きっかけは、2010年4月に導入された県の獣害対策モデル事業であった。このモデル事

業の実施自体も、実は一人のIターン者（S）の活躍があったからなのであった。Sは町内会役員を務めるなどによって地域社会から信頼を得、その後、市や県からの情報を頼りに住民に働きかけることで、事業の地域定着に結び付けることに成功した[2]。2014年および2015年には、県の「里の"守"サポート」事業が導入され、Sの提案で「秋山有機農村未来塾」が結成された。未来塾では、お茶摘み体験や酒米づくり、山ぶどうの栽培など、多岐にわたる活動が展開された[3]。

　こうした獣害対策や村づくりが進む秋山地区の取り組みにおいて、本章が注目するのは、Sが「よそ者」として就農に入ってのち、ごく短期間で村づくりの一翼を担うことができたという事実である。「よそ者」は一般に、地域定着へのハードルが高いと言われるが、Sはなぜ短期間で「よそ者」の壁を乗り越え、村づくりの担い手になることができたのだろうか。

　これを明らかにするために、本章では、Sの定着以前から20年にわたって活動を続けている地元の木工クラブに視野を広げつつ、Iターン者が短期間で村づくりの担い手になれるための条件を考察していきたい。

2．Iターン者による集落ぐるみの獣害対策

　秋山地区は栃木県の西南部にあり、標高1123mの氷室山を水源とする秋山川の最上流に位置している。ここは第二次世界大戦後、上秋山・下秋山の2つの町内会に分かれたが、

それまでは秋山村を名乗っていた。町内会が2つに分かれたあとも、小学校、神社、祭り、消防、村づくりの取り組みは旧秋山村単位で行われている。

この秋山地区で鳥獣被害が深刻化したのは、2000年代に入ってからである。表1は、東京農工大学が2011年に下秋山町内会で実施した住民全戸調査結果の一部である[註1]。表10−1のとおり、イノシシをはじめ、シカ、サル、ハクビシンによる被害が多い。

表10-1 下秋山における獣害による被害件数

(2011年のデータ)

	イノシシ	シカ	サル	ハクビシン	その他
計	45	12	23	10	2

出典：2011年東京農工大学が下秋山町内会で実施した全戸調査

Iターン者であるS夫婦は、2002年に下秋山町内に新規就農した。S夫婦は就農当時からイノシシ等の被害があると周囲から聞かされていた。しかし、茨城県で有機農業の研修を受けてから、自然豊かな所で暮らしたいと考えてきたS夫婦は、それに怯むことなく、むしろ山での暮らしがどういうものなのか、獣害があっても営農できる暮らしはいかにしたら可能なのかなどを、全国に発信していきたいと考えたのであった。

このような一風変わった若者夫婦の定着は、すぐに下秋山全体に周知され、S夫婦が地域に入った翌年には、消防団への入団の誘いがあったという。Sは入団をその場で決意した。入団を勧めた人びとは、このやり取りから、Sが地域のことを考えて行動できる人であるとの確信をもったという

（2012年9月15日の聞き取り）。翌年の下秋山町内会の総会でS夫婦が紹介されると、とくに条件を設けることなく、S夫婦のムラ入りが決定された。その後、S夫婦は率先して電気柵を張るなど、獣害対策を行っただけでなく、毎年行われる下秋山の福祉まつりにも必ず最後までいて、会場の片づけなどを行った。こうした振る舞いによって、村びとは、S夫婦への好感度を上げていくことになった。加えて、有機農業志向をもつS夫婦の就農は、地区内の耕作放棄地解消にも着実につながっていた。S夫婦は2008年時点で、畑80a、水田40aの耕作放棄地を地元農家から無料で借り受けることに成功した。その結果、Sは地元で唯一の専業農家であるAと肩を並べるまでに耕作面積を広げることになったのである。

　こうして下秋山に定着したSは、就農5年後の2007年には、町内会総会で産業部長に抜擢された。もっとも総会の場では、まだ34歳のSを産業部長にするには若すぎるという反対意見もあった。しかし、地域に新しい風を入れないと何も変わらないという意見が大半を占め、Sの就任が認められた（2011年12月1日の聞き取り）。

　他方で、就農早々に獣害を受けたSは、1軒だけで獣害対策をする限界を感じ、地域が一丸となって対応する必要があると考えるようになった。そこでSは、「集落ぐるみの獣害対策」について栃木県に問い合わせ、それをきっかけにして2010年4月には、下秋山町内会に県の獣害対策モデル事業が導入されることになった。産業部長のSは当時の町内会長と一緒に先頭に立って、地域住民とともに、集落点検や耕作

放棄地の草刈りなどに取り組むようになった。

さらに、2011年春には、Sの呼びかけに応じた町内の6人が「共同畑づくり」を始めることになった。過疎高齢化が進む下秋山では、村びと各人は農地管理に追われている。図10－1のとおり、7割近くの農地が「作付けなし・管理あり」の状態、すなわち耕作することなく、年2～3回の草刈りだけになっている場合が圧倒的に多いのである。

このような状態にもかかわらず、Sの呼びかけで「共同畑づくり」に参加する人があったのは、下秋山がこのままではいけ

図10-1　下秋山町内会における農地保全の実態

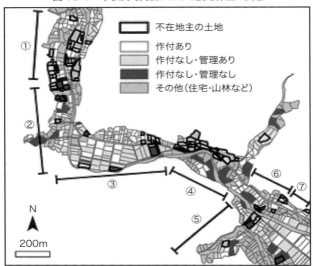

（大橋春香作図を転載）

ないというSの思いに共感し、地域を変えるためには何かを始めなければならないという思いをもつ人がいたからである（2012年6月3日の聞き取り）。しかしなぜそこまで真剣に村づくりに取り組まなければならないと村人たちは考えたのだろうか。実はその背景には、それまで培われてきた村落秩序の動揺があったのである。

3. 大山林地主の離村と村落秩序の動揺

　秋山地区は山村である。地区面積の9割以上はスギ・ヒノキで占められている。しかし、この広大な山の所有は、一握りの山林地主に集中していた。ここで特徴的なのは、これら大規模な山林地主が、高度成長期を経て、次々と秋山地区から離れていったことである。このことは以下の表から確認できる。

　表10−2と表10−3は秋山地区全域を対象としたものである。ここから次のことを読み取ることができる。すなわち、秋山地区において、50ha以上の山持ちはわずか9人であるのに対し、地区の97％に当たる293人は50ha以下の山を所有しているにすぎない。また1980年代以降、秋山地区から離村した人の多くは、これら大山林地主層であった。聞き取りによると、下秋山で大面積を抱えていた山林地主3軒は、現在では不在地主化しているという。そのうちの1軒は、かつて秋山地区でもトップを争うほどの山持ちであったが、1970年代から2011年にかけて山を小分けにし、地元の人や不動産業

表10-2 秋山地区における山林の所有状況

面積	<1ha	1-5ha	5-10ha	10-50ha	50-100ha	100-500ha	500ha<	総計
所有者数	68	127	48	50	6	2	1	302

出典:佐野市提供データ(2011年)をもとに筆者が作成

表10-3 秋山地区の山持ち上位10名の在村状況

現状地区分	所有する山の面積(ha)	現状地区分	所有する山の面(ha)
在村	660.4	在村	76.1
不在村	156.8	在村	54.5
不在村	117.1	不在村	52.0
在村	83.5	在村	51.1
在村	81.9	在村	41.2

出典:佐野市提供データ(2011年)をもとに筆者が作成

者に売り渡したため、すでに表10-2の50ha以上の欄には出てこなくなっているという。

　こうして、大面積を所有する少数の山林地主が相次いで地域を離れていき、それに伴って土地の転売が盛んに行われるようになった。土地の売買は、山地だけでなく、今では宅地にまで及んでいる。2012年時点において、かつて下秋山で「お大臣様」と囁かれた山林地主の宅地は、すでに隣県の人の手に渡っており、山林も隣町の人の所有となっている。

　1970年代後半に山林地主が山を売り出した際には、下秋山の住民が手分けして購入したという。ところが、2000年代に入ってからは、不在地主の手放した山林の面積が大きすぎたことと、山自体の価値が低下したために、地元では買

い手が見つからなくなった。しかし、村びとは、むらの土地の転売が自らの生活に悪影響を及ぼすのではないかとも心配していた。たとえば、下秋山でかつて一番の山持ちだった山林地主が、不動産屋を介して、山林を地域外の人に転売した時には、下秋山の人びとは、次のような危惧を口にしていた。「(転売された)山から沢水が流れ、その下の坪の人びとがその沢水に関して生活権をもっているが、これはあくまでもここで暮らす人たちだけに共通するルールである。このルールを無視して、自分の所有する山だから何でもできると私的所有権を持ち出して自己主張されたら、地域社会では困る」(2011年12月1日の聞き取り)。

このように、大山林地主の相次ぐ離村は、地域にいくつも折り重なって存在しているローカル・ルールが変更されるのではないかといった潜在的な不安を地域の人びとに抱かせただけでなく、2000年代に入ってからは、獣害という形で直接人びとの生活に被害を及ぼすようになった。なぜなら、不在地主の放棄した農地や家屋の立っていた敷地が、獣の住処になったからである(図10−1を参照)。

以上のように、秋山地区では、大山林地主の離村をきっかけに、それまでの秩序が大きく動揺することになった。こうした状況を打開するために期待されたのが、「集落ぐるみの獣害対策」であった。Iターン者(S)によって牽引された「集落ぐるみの獣害対策」では、不在地主の放棄した農地や屋敷地も草刈りの対象となっていた。そこで、この獣害対策が村びとの目には「このままではむらはダメになる」という思いに

歯止めをかける直接的な取り組みとして映ったのである。

 その後、県内の他地域に先駆けて下秋山に設置された高さ90cmの防護柵は、その意図とは裏腹に、里に下りてきたシカとイノシシが山に帰る際の足止めとなってしまい、逆に被害の拡大につながっていることが明らかにされた。すると市役所からは、高さ2mの柵を無料で提供するとの連絡があった。しかし今度は、下秋山の人びとは、「自分たちが百姓でない」ことを理由に、その申し出に応じようとはしなかったのである。なぜなら、2017年4月時点において、地元の専業農家A（80歳目前）は高齢を理由に経営規模を縮小し、地区の専業農家はSだけとなっていたからである。人びとの関心は獣害そのものにはなく、むしろ、むら全体の秩序の動揺にどう対処していくのかが関心の中心であったからである。

 以上のように、Iターン者（S）が新規就農間もなく、集落ぐるみの獣害対策を牽引することができたその理由を、その村落社会の側からみてきた。つまり、地元の人びとは、山林地主の離村をはじめとする村落秩序の動揺に対処したいという思いが強かったが、Sがその思いに応える取り組みを提案できたからであった。

 しかし活動目的が一致したからといって、ただちに、Sがそのまま村落社会から即座に信頼が得られる理由にはならない。Sは、自分が以上のような活躍ができた背景には、20年以上にわたって秋山地区の地域おこしを牽引してきた「木工クラブ」の存在があったからであるという。そこで、以下では、この「木工クラブ」にまで視野を広げ、Iターン者の活躍を支

える村落側のもう一つの側面をとらえてみたい。

4. 村づくりを担う「木工クラブ」

　「木工クラブ」とは、秋山地区の60代から70代の男性を中心につくられた趣味の集まりである。このクラブができた直接のきっかけは、1992年から1995年にかけて、地区に導入された国土庁の山村都市交流モデル事業であった。当時、補助金が計7億円5千万円ほども秋山地区に導入されることになり、その受け皿としての組織が求められた。そこで「秋山の里協議会」（以下略して協議会）が組織されたのである（1995年）。その後、この活動を一時的なブームで終わらせないために、上秋山の材木商が中心となって、「秋山の里協議会」の青年部（当時の30代から50代のメンバー）に呼びかけて、日曜日ごとに集まるようになった。彼らは、材木商から提供された木材で木工品を作るだけでなく、村のためのボランティア活動を展開するなど、多岐にわたる地域活動を展開してきた。

　一例を挙げよう。2016年の暮れに、サルに頻繁に侵入され、しきりに「サルにバカにされる」と嘆いていた秋山地区の一人暮らしの老人は、庭の木の手入れを木工クラブに要請し、木工クラブのメンバー6人がその作業にあたった。その時には、軽トラック4台分の木の枝が運び出され、作業は3時間以上にわたった。木工クラブのメンバーの平均年齢も現在では70歳を超えており、木の伐採作業も彼らにとっては重

労働である。それでも、木工クラブはあくまでも「ボランティア」に徹し、木の伐採などの活動に対しても一切金銭の支払いを求めず、せいぜいお返しとして酒やお菓子を住民からもらう程度である。

　村づくりを牽引してきた木工クラブの人びとは、活動を継続させるコツとして次の2つを挙げる。一つは金銭の絡まないボランティア活動に徹し、かつ自分たちで楽しむことである。木工クラブの人たちによると、経営が絡み出すと、ビジネスとしての上手下手が問われるようになる。さらに、金銭をめぐるトラブルに発展するおそれがあり、結局長く続かないというのである。実際に近隣地域で同時期に同様の趣味の集団が結成されたものの、ビジネスを取り入れたため、早々に解散に追い込まれたという。コツの2番目は、村おこしの活動と自分の本業（仕事）とを分けて考えることである。木工クラブの活動を日曜日に設定したのもそのためであり、あくまでも趣味の延長上に自分たちの活動を位置づけているのである。

　これら木工クラブの"楽しさ"を直接的に支えているのは、村仕事や趣味の木工製作後の飲み会である。住民から庭の木の剪定などで金銭のかわりに差し入れられた酒や菓子類は全部、活動後に開かれる飲み会に消える。そのため、木工クラブは「ただの酒飲み連中」と揶揄されたこともあり、当初の活動の場として借りていた工房から、オーナーの代が変わるとすぐに追い出されたという"自慢話"も残っている。こうしたことがあったため、木工クラブの会員が木材と労力を皆で

出し合って、会員の私有地に現在の工房を作ったのである。もちろんその後も、日曜日午前中の活動と午後の飲み会は継続している。

　木工クラブは1,000円の入会金があれば、だれでも入会できるオープンな組織である。酒好きで他地区から入会するメンバーもいるほどである。酒飲みのための費用を稼ぐために、村仕事の合間をぬって木の玩具や彫刻品をつくり、年に一回、足利市の文化祭に出店もしている。

　こうした村づくりを牽引する木工クラブにも悩みがある。それは、どのように村づくりの担い手を確保するかである。

5. 村づくりの担い手の世代交替

　木工クラブの現会長によると、どのようにして次世代を担う「若手」を村づくりの実践に組み入れるかが、常に悩みの種であったという。現在の木工クラブには20代から40代のいわゆる「若手」がおらず、世代間交流をはかる機会がなかった。転機が訪れたのは2012年の10月に開かれた秋山地区の文化展であった。木工クラブの会長は、秋山地区の火災警備を依頼する形で、消防団に文化展参加を要請したのである。ちなみに、秋山地区の消防団は、主として20代から60歳までの「若手」の集まりである（2016年11月27日の聞き取り）。

　そもそも秋山地区は他の山村と同様に、消防団員の確保が難しい地区である。二世帯住宅を建てて地区内で暮らす

世帯が4軒ほどあるが、他の多くの者は電車が通っている葛生町か、バスの便がよい佐野市に住んでいる。他方で、秋山地区には現在も、山から木を伐り出して販売する自営業者が3軒存在している。しかし家業の材木商を継いで秋山地区で働いている者も、住んでいるのは地区内ではない。こうした状況下、このままでは一つの消防団として必要な人員の確保ができなくなってしまうので、秋山地区出身者で葛生町や佐野市在住者も地区の消防団員として登録できるようにした。このように消防団としての形は保っているものの、地区外に居住している消防団員が地区の村づくりに本腰を入れることができないというジレンマがあった。そこで木工クラブは、なかば強制的に、次世代の「若手」を村づくりイベントである文化展に参加させたのである。

　このことをきっかけに、これら次世代の「若手」が、かつての親世代の木工クラブのように、村づくりの実践に本腰を入れて動き出したのは、「秋山有機農村未来塾」の結成からであった。2015年の春に、Sをはじめ、秋山地区の消防団に加入する若者、小学校区のPTAメンバーが中心になって、栃木県の「里の"守"サポート事業」に取り組むようになった。その事業の受け皿となる組織して結成されたのが「未来塾」である。秋山地区で有機農業に取り組んでいるのはIターン者のS夫婦だけであるが、組織名称に「有機」が入ったのは、未来塾の結成を呼び掛けたSの提唱によるものである。現在ではこの未来塾に木工クラブも合流し、かつての木工クラブの会長が未来塾の会長に就任している。

例えば、未来塾の2015年度の取り組みは、1）お茶の復活（栽培・茶摘み・製茶・販売等60万円程度）、2）秋山の地酒（規模・場所の選定・醸造方法等、50〜60万円程度）、3）ヤマブドウワイン醸造（145万円程度）、4）その他の活動である[3]。このように、会の活動内容は事実上、木工クラブが実践してきた村づくり活動に接ぎ木した形になっている。木工クラブが未来塾の活動をサポートすると同時に、未来塾を担う若者に、"楽しく"活動を継続するコツも伝授しているという。

「（若い人に）そんなに真剣に考えなくてもいいと言っているよ。他の人も、楽しみにしている分は楽しみの範囲で。ヤマブドウでワイン作るって、できる？じゃ、楽しんでやって。仕事は仕事。やりたい人が出てくれば、継続していくよ」（2016年11月27日の聞き取り）。

しかし他方で、村づくりの中心人物である木工クラブ会長は、村づくり実践の継続について、次のことも付け加えている。「（地域の将来について、われわれは）そんなに期待していない。……子どもたちが出ていっちゃうんだから。過疎化は止められない。（人口減少は）自然現象だから。逆らったってだめ。それでもささやかな抵抗はしたいけどね。多少でも元気で、抵抗して。そして残った人がどれだけ楽しむか、残った人生を。」「だいたい、限界集落とか、言葉が悪いんだよ。何が限界だ。……われわれが『未来塾』をやることで、10年ぐらい、気持ちが伸びているんだ」（2016年11月27日の聞き取り）。

この語りは、限界集落化の進行など、時代の流れに負かされた「敗者の弁」として受け取られる可能性もある。しかしここでは、そのような評価を性急に下してしまう前に、20年以上もの間、木工クラブが趣味の会であることを強調しながら、実質的には村仕事を継続してきた彼らの「楽しく、かつ、ささやかな抵抗」の論理に寄り添って、その内容の理解に努めてみたい。

6. むらの永続性という枷からの解放

　木工クラブ会長の上記の発言とクラブのこれまでの取り組み内容から、限界集落で暮らす人びとがどのように自分たちのむらの将来を描いているのかを垣間見ることができる。一般的に日本のむらは（村仕事といった）無償労働がないと成り立たないと言われている[4]。秋山地区の「若手」（Ⅰターン者、木工クラブ、消防団）の村づくり活動にも、確かにそうした側面を観察できる。木工クラブが、自分たちの活動を持続するコツとして挙げた2条件、すなわち、①ボランティアとして活動する、②本業とは別に位置づける、という条件も、彼らの活動がむらのための無償労働であることを示しているといえるだろう。しかしそうした無償労働が「楽しく、かつ、ささやかな抵抗」であるとは、いったい何を意味しているのだろうか。

　むらは、その運営において、持続性・永続性を前提に置くことで、人びとがそこで暮らし続けるための組織として機能

第 10 章

してきた。組織としてのむらは、自らの構成員を規制する側面を強調することで、その（村びと個人の生活の律動を超えた）永続性を担保しようとする。このことは、村社会のもつ拘束性として人びとには意識され、しばしば個人の活動の自由を縛るものであるとして批判されてきた。

ところが、いったん「村に将来はない」と意識されるようになると、なおもそこで暮らし続ける人びとは、永続性・持続性に由来するむらの拘束から解放される。いわば「好きなように生きる」ことが可能となるのである。こうしてむらは、永続性から切り離された「現にここで生きている人のための」組織になった。

過疎高齢化・獣害の深刻化・交通の不便さなどに規定される限界集落化によって、「村に未来がない」とされるようになっても、あるいはそれゆえに、従来とは異なる自由を人びとは享受できるようになり、そこから新たな創造性を発揮する契機が生まれるのである。

限界集落・秋山における"明るさ"とは、限界集落化という時代の流れに対する「ささやかな抵抗」の試みが、こうして得た新しい自由の下にあることを示している。むらの伝統という枷に拘束されず、「むらに将来がなくても、なおここで暮らし続けることに同意すること」のみが、村づくりの担い手となるための唯一の条件となったために、「木工クラブ」のメンバーやIターン者、消防団を支える者たちは、自由にむらの将来を描くことができるようになったのである。永続性を前提としなければ、限界もない。そこにあるのは、永続性という

枷から解放された「残った人」たちによる、「楽しく、かつ、ささやかな抵抗」の試行錯誤が紡ぎだした'明るさ'をもったむらなのである。

7. Iターン者が地域で活躍できるための条件

　本章は栃木県佐野市の山村・秋山地区を事例に、Iターン者が新規就農後、短期間で村づくりの担い手になれるための条件を、主として村落社会側から考察してきた。

　その結果明らかになったのは、次の2点である。1つめは、既存の村落秩序の崩壊に歯止めをかけようとする村びとの思いとIターン者の思いとの共振である。大山林地主の離村などによって、空き家や耕作放棄地が獣の住処となり、このままでは地域がダメになるという危機感が村びとの間で共有されていた。このことが、秋山地区で唯一の専業農家となったIターン者であるSが抱く危機感と共振したのである。

　2つめは、自らの地域が限界集落化していくなかで、長く村づくりを牽引してきた者たちが実践してきた「楽しく、かつ、ささやかな抵抗論理」の共有である。過疎高齢化が進み、「むらに未来がない」ことに対して、村づくりを実践してきた者たちは、むしろ、むらの永続性の枷から解放され、自由にむらの将来を思い描けるという積極的な意味をそこに見出した。このことは、限界集落という暗いイメージを吹き飛ばしたというよりも、むらの永続性の枷からの自由という、"明るさ"をIターン者と共有することにつながった。このよう

な新たな価値観の共有が、Iターン者をはじめとする村の若手による村づくりへと結びついているのが、秋山地区の村づくりなのであった。

今後、獣害被害と過疎高齢化で「村の消失」が多くの中山間地域で現実となることが予想される。しかし、秋山地区の動向から見えてきたのは、このような時代の流れに怯むことなく、むしろ「むらに未来がない」からこそ、永続性から解放され、あたらしい価値観で自由に生きる人びとのもつ"明るさ"であった。この限界集落のもつ"明るさ"から示唆されるのは、過去の村との連続性に無縁のIターン者も、村づくり実践でキーパーソンとして活躍する素地があることだけではない。この"明るさ"には、組織にがんじがらめに囚われがちな現在社会に、一人ひとりが自由に生きるとはいかにして可能かについてのヒントも含まれているのではないだろうか。

(註1) 本報告の作成にあたり、東京農工大学が下秋山地区で実施した全戸調査と聞き取り調査の成果(2009〜2011年度文部科学省特別教育研究経費・連携融合事業:研究代表者　東京農工大学・梶光一)を使用している。なお、秋山での調査は、2011年9月から2017年3月まで断続的に実施してきた。

参考文献 ─────────────────
[1] 関谷龍子・大石尚子　「農村地域におけるソーシャル・イノベーターとしてのIターン者」『社会学部論集』59、2014、pp25-47。
[2] 桑原考史・角田裕志　「ミクロスケールの管理——集落レベ

ル」梶光一・土屋俊幸編『野生動物管理システム』、東京大学出版会、2014、pp.60-84。

[3] 長江庸泰 「中山間地域の研究—栃木県佐野市秋山地区の事例研究—」『佐野短期大学　研究紀要』第27号、2016、pp.1-13。

[4] 鳥越皓之 「東日本大震災以降の社会学的実践の模索」『社会学評論』65(1),2014、pp2-15。

第 11 章

温故知新・栃木の伝統的特産物を活用した農の再生

―「栃木三鷹」種の復活でとうがらしの郷づくりに挑む大田原―

大栗　行昭

1. はじめに

　栃木が全国に誇れる農産物として、生産量全国1位のいちご、かんぴょう、大麻、2位の牛乳、二条大麦（ビール麦）などがある。いずれも本県のブランドとして長い歴史をもつ。

　ブランド化が進むことになったできごとを挙げる[1]。いちごでは1955年の仁井田一郎による御厨苺組合の設立。かんぴょうでは1877年、島田武七郎の第1回内国勧業博覧会出品。大麻では1885年、中枝武雄による大麻播種器の発明。酪農では1876年、安生順四郎による発光路牧場の開設。二条大麦では1906年、栃木県農会（副会長田村律之助）による大日本麦酒との契約栽培。また栃木市大平町のぶどうでは1946年、松本重夫らによる大平下ぶどう組合の発足。このように、ブランド化には一定の歴史の積み重ねが必要なのである。

　全国的なブランド力までは獲得していないものの、特産野菜を利用したまちおこしで元気なのが大田原市のとうがらしの郷づくりである。大田原のとうがらし（加工用の赤とうがらし）にも上記ブランド作物に引けを取らない歴史と特性があり、関係者はかつての特産地の復活に挑んでいる。その形態は、中小企業と農家が連携して新商品を開発し、販路の開拓を行うという農商工連携(註1)に当たる。

　なぜ、とうがらしなのか。どんな形態のまちおこし・農商工連携なのか。なぜ、元気なのか。時間軸に沿って明らかにしよう。

2. 日本一のとうがらし産地の栄光と消滅

　1960年代前半、大田原は日本一のとうがらし産地であったといわれる。生産量は62年に611トン、栽培面積は64年に267haを記録した[2]。図11−1をみよう。栃木県のとうがらし生産は56年から増大して、60年前後には800〜1,000ha、2,000〜2,500トンであった。当時、全国の生産は約2,000ha、4,400トンであったというから[3]、その半分を占めた栃木は全国一の生産県であった。その主産地は、62年以降のデータによって、大田原などの那須北であったことが分かる。直接裏付ける資料をもたないが、大田原はやはり日本一のとうがらし産地であったかもしれない。

　大田原あるいは栃木県がとうがらしの大産地であったいきさつは、戦前にさかのぼる。35年、新宿でカレー粉用とうがらしを製造販売していた吉岡源四郎が大田原に工場を設立した。背景には、粗放的なとうがらし栽培は那須に適している、開拓地は新規作物の栽培に抵抗がない、加工に安価な農閑期の労働力を利用できる、などの判断があったようである[4]。農家のとうがらし生産は、吉岡との契約栽培という形態により、戦争で中止されるまで80〜100haと拡大した[5]。

　戦後、大田原とうがらしに2つの追い風が吹いた。1つは海外市場の拡大である。50年代の前半には朝鮮戦争でとうがらし特需が起こり、半ばにはセイロン（現スリランカ）市場が開拓された。もう1つは、後にまちおこしの資源となる優良

品種である。55年に吉岡が育種した栃木改良三鷹（以下、栃木三鷹）は、辛みが強い、色調がいい、形状がそろう、収穫量が多い、摘み取り・乾燥などの作業が容易で、保存に強い、という特性を備えていた[6]。吉岡食品は産地問屋兼加工メーカーとして農家と契約を結び、種子の無償配布と最低価格保証による全量買い取りを行った。60年代前半、栃木三鷹の70％はセイロン、20％はアメリカに輸出され、10％が国内に向けられた。とうがらし生産はこうして隆盛した。

図11-1　栃木県におけるとうがらしの生産の推移

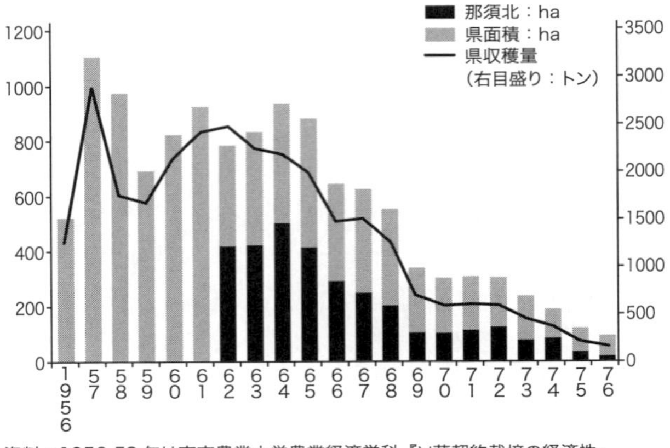

資料：1956-58年は東京農業大学農業経済学科『ソ菜契約栽培の経済性』
　　　1964、p.117（原資料は統計調査事務所資料）、59年以降は
　　　農林省（関東農政局）栃木統計調査事務所『栃木農林水産統計年報』
註：那須北の61年以前の面積は不明

しかし、隆盛は続かなかった。図で分かるように、66、67

年から生産は急減した。とうがらし畑が田になったのである。背景には、収益性が高くないことがあった。63年の調査によると、大田原とうがらしの10a当たり収支は、粗収益4万円に対して経営費1万2,500円で、差し引き所得2万7,500円。「もぎり」とよばれる摘果作業を中心に労働は70〜75日で、1日当たり所得は393円であった。調査者は「決して有利な作物とはいえないが、タバコ作より有利だというので、作付けが増加している」と述べた[7]。労働多投のとうがらしは1戸当たり面積24a、所得6万6,000円にとどまり、経営の柱にならなかった。同年、栃木県の10a当たり稲作収支は、粗収益3万6,000円、経営費1万2,000円で、所得2万4,000円。家族労働12日で、1日当たりの所得は2,000円[8]。開田が容易になったもとで水稲を作るのは、農家の合理的な選択であった。

大田原とうがらしの衰退に伴って、吉岡食品の原料調達先は茨城県や台湾へ、70年代後半には中国へと移った。やがて大田原の栃木三鷹は消滅した。

3. とうがらしの郷づくりと栃木三鷹の復活

2002年、大田原市観光協会に飲食店・酒造・製めん所・ホテル・旅館などからなる食の開発プロジェクトチームが結成された。大田原には観光資源がない、宇都宮餃子、佐野ラーメンに匹敵する食を作ろうというのが動機であった。市民に提案を募ったところ、出てきたのはとうがらしとは無関

係の食。40歳以下の世代はとうがらしの歴史を知らなかった。ストーリー性を求めて、かつて全国一になったとうがらしに行き着く。翌年、第1弾商品「唐辛子ラーメン」が生まれた。以来、とうがらしを使った商品は約50種類に及ぶ。

「とうがらしのふるさと」をうたったが、産地ではないので魂がない。商業者たちは、乗り気でない―国産とうがらしの需要はないとみていたか―吉岡食品会長（当時）・吉岡精一に、栃木三鷹の生産者を募ってもらおうとした。06年、大田原とうがらしの郷づくり推進協議会（以下、協議会）が発足

表11-1 大田原市の栃木三鷹とうがらし生産

	生産者（戸）	生産面積（a）	生産量（kg）
2006	3	11	120
07	7	40	920
08	14	76	1,720
09	32	294	7,510
10	59	692	8,209
11	62 [1] 36 [3]	668 [2] 不明	― 不明
12	13	50	不明
13	18	50	1,500
14	17	154	2,040
15	20	205	4,000
16	34	250	7,500 [4]

資料：大田原とうがらしの郷づくり推進協議会
註：1) 2) は3月11日以前の予定数、3) は後の実数。4) は予想量。

した。協議会は商業者（工業者を含む）と農家で構成され、会長には吉岡食品社長（現・相談役）の吉岡博美氏が就任。同氏はまちづくりを推進する立場から、種子無償配布、価格保証による全量買い取りを決断、生産者を募った。3戸が応じた。商が工を通じて農と結ぶという道筋で、農商工連携が成立した。

07年、「第1回全国とうがらしフォーラムin大田原」を開催。その後も毎年（11年からは、とうがらしフェスタという名称で）開催し、第2回からはとうがらし料理コンテストを実施した。催しや市内外への宣伝・広報には、県と市の補助を活用した―吉岡氏らは市長に、数百万円の補助が億の効果の広報になると説いたという。表11－1にみられるように、生産者は年を追うごとに増加、10年には59戸が計7haに作付けし、生産量は8トンを超えた。

4. 訪れた試練

2011年3月、栃木三鷹の復活以来最大の62戸、7ha近くが種子を配布され、作付けを予定していたところで東日本大震災と原発事故が起こった。協議会は農家に生産中止を要請したが、36戸が生産に踏み切った。秋、生産物から微量の放射性物質が検出された。吉岡食品は80kgを限度に、価格を下げて買い取りを実施、市内業者への供給は在庫で賄った。

買い取り制限は12、13年と続いた。主要市場である関西

の食品メーカーが購入を取りやめたためである。協議会は3年間、大田原とうがらしを宣伝できなかった。全国フォーラムも開けず、地域住民を対象にしたフェスタ（前述）に切り替えた。

　商品開発やチームのまとまりでも、閉塞感が生じていた。協議会は日本商工会議所の支援事業に応募、消費者ニーズに即した、地域に愛される逸品開発に挑戦した。13年9月、市内の7店が「大田原さんたからあげ」を販売した。これは、①鶏肉ミンチを使用する、②栃木三鷹を総重量の1％以上（目標2％）使用する、③豆腐を混ぜ込む、④野菜（大田原産が望ましい）を混ぜ込む、⑤ソースはつけない、⑥女性が1口か2口で食べられる大きさ、という6つのルールを設定した空揚げ（名称は栃木三鷹と空揚げの合成）である。

　14年、吉岡食品は買い取り制限を解除、関係者は復興の手応えを感じるようになった。

5. とうがらし生産の現在

　協議会が生産者を募り、種子無償配布・価格保証・全量買い取りなどの条件で生産者と吉岡食品、協議会の三者が協定を結ぶ。買取価格は当初1kg1,500円で始まり、現在2,000円。現金で買い取る。生産者は10a当たり200〜250kg、多い人では300kg取る。吉岡氏は、種子無償配布と2,000円の価格は農家にとっていい条件のはず、という。

　栃木三鷹生産者の会という組織があり、技術（施肥・防除

など)の説明会、圃場見学会、目揃え会(品質基準を統一)などを実施する。技術指導は主に吉岡食品と那須農業振興事務所が、あとはベテラン会員が行う。16年末、会員34名のほとんどは60、70代で、40代以下は2人。父祖の代で生産していた会員はほとんどいない。

　中心的な会員3人に話を聞いた。表11－2は経営の概要を示す。A氏は協議会発足時からの会員。30年前、出産を機に会社を退職、育児に一区切りついた20年前に就農した。水稲150a、ブルーベリー30a、とうがらし5aを1人でこなす。B氏は勤めをしながら水稲を作ってきたが、8年前の早期退職を機に農業機械をそろえた。水稲70a、直売所向けの根菜類、とうがらし20aを生産する。「もぎり」には老親も加わる。ほかに、水稲ととうがらし(研究段階の品種)の作業を受託す

表11－2　とうがらし農家の経営の概要

	就農	労働力	現在の作物
A氏	20年前、出産・育児に一区切りついて	本人	水稲150a とうがらし 5a ブルーベリー30a(直売) 野菜・豆類(直売)
B氏	8年前(定年の前年)退職して	本人(農繁期にNPOや高齢者)	水稲70a(ほか作業受託100aほど) とうがらし20a(ほか作業受託10a) にんじん・ごぼう・やまいも(直売)
C氏	6年前、定年退職で	夫婦(冬期に母)	水稲350a(うち1/4飼料米) とうがらし13a、野菜(自家用)

資料：2016年11月(A氏)、2017年1月(B氏、C氏)聞き取り

る。C氏は6年前に会社を定年退職、家の農業を始めた。夫婦で水稲350aと自家用野菜、とうがらし13aを生産する。やはり、もぎりには老母も加わる。みな大規模農家ではなく、B氏とC氏は60代。大田原とうがらしは、中小の農家、定年帰農者などが水稲、野菜などとともにおおむね20a以下の規模で生産する。

とうがらしのメリット、デメリットについて聞いた（表11-3）。メリットは、主な作業が稲作と競合せず、農閑期の作物として適することである。さらに、面積当たりの所得が高い。10aで40～50万円。コメ（14年栃木県3.2万円）より桁違いに、いい。

デメリットで最も大きいのは、労働を多投することである。C氏は10a当たり100日、700時間近く投下する。50万円の

表11-3　とうがらし生産のメリット、デメリット

	メリット	デメリット
A氏	・いい収入源で、経営の柱の1つ	・1人では5aが限界。もぎり作業がきつい。 ・連作回避のため圃場15aを3年ローテーションで作付け。
B氏	・播種・定植・収穫とも稲作と競合せず、生産が農閑期に可能	・連作障害対策が必要。2倍の面積の圃場に1年交代で作付け。堆肥を多投、土壌改良剤も。
C氏	・農閑期の作物として、いい ・面積当たりの所得はコメよりずっといい（時間当たりでは、県の最低賃金相当）	・手作業（雑草・病害虫の防除など）中心では13aが限界。 ・水田地帯で排水が悪く、病害虫に苦慮。生産に適当なのかの情報がほしい。

資料：2016年11月（A氏）、2017年1月（B氏、C氏）聞き取り

表11-4　B氏のとうがらし投下労働

作　業		10a当たり日数
播種		0.25
鉢上げ（仮植え）	6,000本	4
施肥・耕うん	機械使用	1.5
畝（うね）上げ	機械使用	0.75
定植		0.75
芯摘み		1
除草	2回	0.5
土手草刈り		1
見回り	毎日30分を5〜6か月	6
収穫、架干		3
もぎり	12月に10日、1月に20日、2月に25日、3月に10日	65
計		83.75

資料：2016年11月（A氏）、2017年1月（B氏、C氏）聞き取り
註：施肥・耕うんと畝上げが手労働なら8日、計85.75日

所得も1時間では700円台となり、県の最低賃金（16年775円）相当だという。B氏の投下労働をみよう（表11−4）。10aで84日。もぎりは12月から3月まで65日かかる。もぎりとブルーベリーの剪定を1人でこなすA氏は、5aが限界だという。水田地帯では、病害虫などの防除が負担になる。C夫妻は「13aが限界。排水がよくないと病気が出る。ここの環境が生産にいいのか、教えてほしい」。ほかのデメリットとして、収量低下を招く連作障害への対策も指摘された。1、2年おきの生産になるため、2、3倍の面積と土壌改良が必要になるという。

　とうがらしの経済性は半世紀前と変わったか。面積当たり所得は、かつて差がなかった（2万7,500円に対して2万

4,000円の）稲作を大きく引き離した。しかし、時間当たり所得では、かつての稲作との差（1日2,000円に対し393円）を縮めはしたが（14年栃木県稲作1,544円に対し700円台）、低いのは変わらない。手作業中心で労働多投、20aが限界という特徴は当時のままである[註2]。

6. 生産者からみた、とうがらしの郷づくりの現在

協議会は16年秋、「生産者募集300軒」を呼びかけた。アピール・ポイントは7点。
①初期投資が小さく、初心者でも安心。②手間がいらず、兼業で可能。③基準を満たせば全量買い取り保証（1級品1kg2,000円、10a収量200〜300kg）、④種子を無償で提供、⑤摘み取りは12月以降の農閑期に座り作業でできる、⑥獣害がないので、中山間地域の強い味方、⑦反収60万円以上を出す強者も、結構お金になります。

反響は大きく、12月と1月に開かれた説明会には160人以上が詰めかけた。17年度、生産者は100人を超えると予想される。

協議会が積極策に出た背景に市場の拡大がある。吉岡氏はいう。「16年、市場は異常に加速した。TPPで外国産が無関税で入ってくるというので。食品表示法で原産地表示しなければならないが、スパイス・カレーの大手は外国名を表示したくない。あらゆる需要者が国産を欲しがっている。需要を満たすには300人必要だが、100人でも足がかりにはな

る」。

　30トンの需要に応えるには300人ほしいが、当面は10トン生産ということらしい。30トンは、産地日本一の証しにもなる（表11-5）。こうして「日本一の産地に」という標語が出たのではないか。市観光協会長でもある氏は、最終目的はまちを観光地化することだとして、一面のとうがらし畑に観光バスがやって来て、客がとうがらし名物に舌鼓を打つ、という夢を語る。

表11-5　とうがらし（辛味）の主要生産地と栃木の順位

単位：トン

	1位		2位		3位		栃木	
2000	千葉	76	山形	31	栃木	29	3位	29
2002	北海道	86	栃木	37	千葉	19	2位	37
2004	北海道	46	栃木	35	千葉	19	2位	35
2006	北海道	80	福岡	31	千葉	21	4位	18
2008	北海道	19	福岡	18	大分	17	5位	13
2010	東京	22	大分、山形	16	―	―	5位	9
2012	東京	24	山形	22	大分、栃木	17	3位	17
2014	山形	23	大分	21	栃木	20	3位	20

資料：農林水産省『地域特産野菜生産状況調査』

　大田原とうがらしの郷づくりは生産者の目にどう映るのか。3人に聞いた（表11-6）。B氏は、生産者が増える中で結束する難しさを感じている。C氏も、郷づくりは生産者の誇りになると思う一方で、積極策には疑問がある。消費者との間での、また生産者・郷づくり関係者相互の、情報交換がほしいという。

表11-6 とうがらしの郷づくりに感じること

A氏	・地産地消、伝統野菜の先駆けとして先見の明はあった。 ・コメだけには頼って行けないので、期待する。 　できれば生産日本一を取りたい。
B氏	・生産者の組織を固める難しさを感じる。 　新人に栽培マニュアルを無視されたり、教わってやろうと期待されたりして。
C氏	・誇りにはなる。一生懸命作っている。 ・産地日本一への取り組みはよく分からない。 　作るだけで、どんな商品になり、どんな消費者がいるのか、見えてこない。郷づくりをこう考えている、こうすればもっとよくなると教えてほしい。

資料：2016年11月（A氏）、2017年1月（B氏、C氏）聞き取り

　最古参のA氏は、積極策にある程度期待するという。郷づくりに関わるようになった当時から現在までの話を聞いた。

　20年前に育児に一区切りついてから農業。最盛期のとうがらし畑を見たことはない。ただ、母が冬の内職に、もぎりをやった。仲買人がとうがらしをトラックで運んできて、近所の女たちに置いていった。吉岡食品が撮っていた最盛期のフィルム―スリランカかな、外国人が買い付けに来たりしたの―を何回か観た。

　生産者募集のことは、市の広報紙か商工会議所だよりで知った。吉岡食品が買い取る、と書いてあった。コメは減反でだめで、代わりに豆類と野菜を作っていて、先行きが心配だった。自分1人でやっていけそうな野菜なので説明会に行ったら、(吉岡)博美さんが買取金額1,200円〜1,400円、反40万円、田でも高畝（たかうね）にすれば大丈夫だ、というので作るこ

とにした。生産しだしてから、試食用のラーメンとかラー油とか羊かんとかが届いて、まちづくりをやっているんだな、と実感した。

　面積は初めからずっと5a。もぎりが大変なので。何年かは母が手伝ってくれたが、14年からは1人でもぎる。コメ150a、ブルーベリー30aと、とうがらし、あと直売所向けの野菜・豆の4本が経営の柱。1人で何とかこなせる。

　ブルーベリーの収穫が6月半ばから8月。9月10日から1週間稲刈り。秋野菜を植え付けて、秋耕する。10月末から11月にかけてとうがらしを収穫して、乾燥を待って、12月中・下旬から2月まで、もぎりとブルーベリーの剪定。3月下旬にとうがらしの苗作りをやって、4月10日ごろイネの播種。5月に田植えと、とうがらしの定植。こうして1年が回る。とうがらしとブルーベリーとは、収穫はバッティングしないが、もぎりと剪定は重なる。それでも、ぎりぎりこなせる。とうがらしは5aが限界。もぎりと選別に2か月は必要だから。

　とうがらしは、もぎりに手間がかかるが植え付けてしまえば楽で、ほかの野菜より手間はかからない。いい収入源。デメリットはもぎり。手間の問題のほかに、ビニールハウスでやると、寒くて、土ぼこりが入ってきて。

　大震災で、コメ・果実・野菜、全部風評にさらされ、下落して、何年も続いたらやっていけないと思った。とうがらしも1,800円まで上がっていたのに、出荷制限で1,500円まで下がって。売れなかったことが苦しかった。検査、検査で、信用してもらえないのかなと。14年に出荷制限がなくなって、ど

んどん買います、とはいわれたが、仲間は4、5人しか増えなかった。15年、十何名が増えたことで、やっと復興かなと思えるようになった。

　吉岡食品はいい取引相手。契約を守る。初めから種も無償で、情報をもたらし、困れば対応してくれる。自社で圃場があるので技術は高い。ノウハウはおじいさん（源四郎）譲り。

　（とうがらしを使った）からあげ・コロッケを買ってくることはあるが、あまり外食に出ないので、市内の店の味は分からない。生麺のラーメンはおいしかった。

　これから、生産者は50〜60人にはなると思う。以前60人になったときでも、増えたのは年に10人前後だったから、100人になればいいが、それ以上はどうかな。とうがらしを干すまではいいが、1本、1本手で摘むとなると、「えーっ」といわれる。とうがらし畑の観光資源化というのも、畑が団地になればいいが、連作ができず20aが限界なんだから、厳しいかもしれない。でも、農業に逆風が吹く中で、募集して新人が入るのはすごいことだろう。

　とうがらしは、コメに代わる作物として目立つんだと思う。目新しいこともあるし、それなりの単価を付けてくれるし、全量買い取りだしで、とうがらしの郷づくりにある程度、期待している。注目を浴びれば、市場がしっかりしているから－吉岡食品がいることが大きい－、安定して作っていける。いま以上の単価もついてくるかも。コメだけには頼っていけないので、期待する。できれば産地日本一を取りたい。いずれは、海外輸出。

7. むすびに
―「由緒」をよりどころにしたまちづくり・農商工連携の展望―

　大田原はまちづくりに当たってストーリー性を求め、昔作っていたとうがらしに行き着いた。協議会の事務局を務めた大田原商工会議所・嶋村健氏はいう。

　とうがらしの前に、農産物を使ったまちおこしでうまくいかなかった例をみている。市場がなかったからだ。とうがらしは、吉岡食品がいて、市場があるから、ここまでできた。大田原でしかできないことだった。県内の農商工連携の先駆けだろう。農・商・工の商からスタートしたから、うまくいったと思う。昔は、商は商、農は農と分かれていた。商工会議所なので農は農に任せる、というのをしなかったのがよかったかと思う。

　会頭（商工会議所・玉木茂氏）が「30年続けば歴史となる」という。続けることが大切なのかな。そのために、小学生のうちから大田原とうがらしを知ってもらう[註3]。10年後、20年後に、ふるさと名物としてとうがらしが出てくる。そうすれば「歴史」になる。

　大田原とうがらしの郷づくりというまちおこし・農商工連携は、かつて日本一のとうがらし産地だったという「由緒」をよりどころにして始まった。

　それは、「商」が考え出し、「工」に働きかけて、「農」と連携する道筋をたどった。

　くしくも工は、優れた資源（優良品種）と拡大確実な市場

をもっていた。商と工は、農の伸長を引っ張る一方、「由緒」を継承することの重要性を自覚している。これらが大田原のまちづくりの強み、元気の要因ではないか。

　大田原のまちづくり関係者は拡大している。組織の拡大と、農家が指摘したような情報交換（関係者と消費者、関係者相互で行われる）とのバランスをとることが、今後の鍵になると思われる。

(註1) 農商工連携は、2008年成立の「農商工等連携促進法」で、「中小企業の経営の向上及び農林漁業経営の改善を図るため、中小企業者（農林漁業以外の事業を営み、又は行う場合における当該中小企業者に限る）と農林漁業者とが有機的に連携して実施する事業であって、当該中小企業者及び当該農林漁業者のそれぞれの経営資源を有効に活用して、新商品の開発、生産若しくは需要の開拓又は新役務の開発、提供若しくは需要の開拓を行うもの」と定義されている。なお、栃木県内の農商工連携の特徴と課題については第7章3を参照。
(註2) 10a当たり労働日数は半世紀前の70〜75日より増えている（B氏で100日近く、C氏で84日）ようにもみえるが、真相は明らかでない。
(註3) 協議会は2008年から毎年、市内の小中学校に苗2,000株を配布。秋に児童・生徒が七味唐辛子に加工し、地元の収穫祭などで販売する活動を行っている[9]。

参考文献
[1] 橋本智『とちぎ農産物はじまり物語』随想舎、2009。

［2］大田原市史編さん委員会編『大田原市史』後編、1982、pp.401-402。
［3］東京農業大学農業経済学科『ソ菜契約栽培の経済性』、1964、p.117。
［4］塩野靖子・石川ハナ子・金井栄「大田原市に於ける食品加工業の地理学的考察」宇都宮大学学芸学部地理学教室『地理実地調査報告』昭和30年度、1956、pp.79-118。
［5］東京農業大学農業経済学科・前掲書、p.116。
［6］吉岡博美「栃木県大田原市「栃木三鷹唐辛子」の大田原産復活と街おこし事業」『特産種苗』第20号、2015、p.43。
［7］東京農業大学農業経済学科・前掲書、p.17。
［8］農林省栃木統計調査事務所編集『第12次栃木農林統計年報』栃木農林統計協会、1965、pp.118-123。
［9］『下野新聞』2008年5月23日。

第 12 章

栃木県農業振興の
課題と展望

秋山 満

1. 栃木県農業の強みの再確認

　これまでの各章では、第1章で農業を取り巻く環境を概観すると共に、第1に、栃木県農業の現状把握と人口減少の影響（第2章）、第2に、耕種・畜産・園芸主要3部門の現状と課題（第3～5章）、第3に、付加価値型農業展開へ向けた6次産業化・農商工連携、農産物輸出戦略の現状と課題（第6～8章）、第4に、農村資源の活用、鳥獣害被害対策、伝統的特産物を活用した定住社会を見据えた地域活性化対策の現状と課題（第9～11章）を実態的に検討してきた。本章の課題は、こうした検討を踏まえつつ、栃木県農業振興にかかわる全体的な課題を析出・整理し、若干の提言的方向付けを考えることにある。

　地域農業振興を考える場合、地域農業特性を踏まえた当該地域の強みと弱みを再確認しておく必要があろう。表12－1は、栃木県農業の強みを再確認したものである。

　栃木県農業の第1の強みは、その市場環境から見た地理的優位性である。これまでの栃木県農業は、2000万人を超える大消費地東京を中心とする首都圏の台所・生産基地として位置づけ、「首都圏農業」として京浜市場への市場出荷型農業を目指してきた。加えて、栃木県は日光・那須地域を中心とした全国有数の観光地を有しており、観光客が年間2000万人訪れている。こうした観光需要をうまく取り込んでいけば、こうした市場優位性は倍加する環境にあるといえる。さらに、近年の道の駅を中心とした直接販売が増加して

表12-1　栃木県農業の強みと課題

栃木県農業の「強み」と危機感の「欠如」

(1) 地理的優位値
　　首都圏2000万、観光2000万、地場200万
　　交通拠点　加工産業・流通拠点立地
　　何でも作れる土地柄（米・畜産・園芸）
(2) 耕畜園のバランス　総合供給基地
(3) 農業者の高い経営・技術力
(4) JAへの結集率　他県と比較して高
(5) 直売所中心の6次化・農商工連携進展

　　　農業発展の潜在力
　　　　　　↓
　　「眠れる獅子」からの脱却

おり、直売所売り上げは130億に達している。さらに、県内で200万、北関東にまで広げれば500万人の地場消費者を抱えている。全国でも有数の有利な市場環境にあると言える。

　強みの第2は、高速交通網の結節点に位置し、周辺に多くの食品加工産業や流通・物流拠点が立地していることである。新幹線はもちろん高速自動車道において縦断道と横断道の結節点に位置することから、工業団地・流通団地等の集積地域となっている。産地間競争の激化に伴い、付加価値型農業への転換として6次産業化や農商工連携が推進されているが、連携すべき加工業者や流通業者が、地場と共に大手も含めて近接地に立地している。連携すべき業者がすぐ身近に集中立地しているのであり、こうした異業種間交流・連

携を最も進めやすい地域となっている。

　第3の優位性は、温暖作物から寒冷作物まで何でも作ることができる自然・環境条件である。近年の流通革命の下で、市場流通型から市場外の契約・相対型流通へと変化してきている。市場流通では市場シェア確保を目指した単品型産地作りが課題となるが、契約・相対流通では量と共に一産地で調達できる品揃え機能が求められてきている。何でも作ることができる自然条件に加えて、平坦地から丘陵地まで時間差を伴った供給体制の確立が可能である点が、総合供給基地としての栃木県農業の強みとなる。

　第4の強みは、こうした市場・自然条件を下に、耕種・畜産・園芸がそれぞれ3分の一程度占めており、農業形態としてバランスの良い総合供給基地となっている点が栃木県農業の魅力である。関東圏において最も評価の高い米・麦の耕種型農業を誇ると共に、北海道に次ぐ第2位の酪農をはじめとした畜産が展開し、イチゴ・トマトに代表される園芸が近年躍進してきている。需要サイドから見た場合、一産地で全国有数の品質で何でも揃えることができる産地はそれほど多くはなく、近接産地という立地的魅力に加えて、総合供給産地として魅力ある産地となっている点が強みといえよう。

　第5の強みは、全国コンクールで毎年表彰されるような農業者が、高い経営・技術力を備えて、層をなして確保されている点である。全国においては担い手の高齢化を契機に生産縮小が進行途上にあるが、栃木県においては園芸を中心に50代の中堅層がなお分厚く存在するとともに、近年大型複

合経営など経営拡大基調が継続している。こうした農業者の層を成した確保と高い経営・技術力が、世代交代期の産地間競争における栃木県農業の強みとなっている。

　第6の強みは、ＪＡ等への結集力に見られる産地対応力の強さである。これまでの強みは多かれ少なかれ関東圏農業に共通する強みといえるが、千葉県や茨城県に代表される個別対応型産地に比較して、栃木県においてはＪＡへの結集力が高く、産地としてまとまった対応が可能な点がその強みとなる。栃木県は、開田を含む大規模耕種と養蚕等の政府管理型作物を主力としていた経緯があり、他の関東圏に比べてJA等の農業団体への結集力が高い。また、戦後開拓による酪農を主体とした畜産、養蚕に代わる形で展開してきた園芸部門においても、関東圏では後発産地に位置することから、共同出荷で市場開拓に取り組んできた歴史を持つ。市場外流通の相手先は、大手量販店や加工資本との契約出荷となるが、JA等への結集力、まとまった産地対応力が大きな力となる。

　第7の強みは、ここ10年ほどの道の駅を中心とした直売所の躍進に示されるように、直接販売や6次産業化の取り組みを通じて、農業生産の担い手が、農産物の「生産者」から販売や雇用を伴う「経営者」へと脱皮しつつある点である。現在の担い手層は、こうした生産者から経営者に転換した第1世代であり、より高いレベルでの組織化や協働関係の構築が可能となってきている。マーケット感覚を持った担い手が層をなして形成されてきており、「作る農業」から「売る農業」へ転換する主体的条件が確保されてきている点が産地

としての栃木の強みになりつつある。

　以上、簡単に栃木県農業の強みを概観してきたが、全国有数の「好条件」に恵まれており、こうした栃木県農業の強みを最大限に活用することが地域農業振興のポイントとなる。しかし、「強み」は得てして最大の「弱み」ともなる。栃木県農業は、その強みのゆえに個別対応次第で経営展開が可能な優等地に位置し、結果として個別経営展開が主流となっている。全国においては、農業解体的事態に集落営農などの組織的対応を強めているが、こうした組織化の動きは栃木においてはなお微弱である。栃木においては、農業危機的事態も個別対応で何とか対応できる問題に留まってしまい、結果として経営環境は悪化しつつも、産地や地域で「危機感」が共有化されず、組織力・地域力への取り組みが遅れてしまいがちとなる。しかし、貿易自由化などの市場環境悪化はもちろん、激化する産地間競争に対応するためには、こうした個別対応のみでは限界がある。有利性を基礎にした農業発展の潜在力を、農業者はもちろん農業関係機関が一体となって最大限に発揮する体制作りが必要であろう。

　市場環境の厳しい他産地の農業関係者から「眠れる獅子」栃木という評価を頂いたことがある。厳しい環境の中で農業振興に取り組む産地からすれば、最も有利な環境で農業振興を図る栃木はうらやましい存在であるとともに、産地間競争における潜在的ライバルとして認めている評価として受け止めている。「できればそのまま眠っていてください」という評価を覆すためにも、より高い目標を持った農業振興が

必要であろう。高齢化等により他産地が生産を維持できなくなる中で、栃木県はすでに全国トップテンの農業県に入ってきている。潜在力からすれば全国トップ5に入る力を持っている地域といえよう。イチゴ生産全国一位という夢と誇りが園芸振興の力になったように、農業関係者が共有できる、夢の持てる具体的な成長目標を提示し、一丸となって農業振興に取り組む必要があろう。生産者から経営者に脱皮した「第1世代」を中核として、農業を夢の持てる産業に仕立て上げることこそが、次世代後継者確保に向けた最も効果的な取り組みとなる。世代交代期を迎えた、ここ10年の取り組みが、その後の40年の栃木農業の姿を決めるという覚悟で、農業振興を図る必要があろう。

2. 販売戦略の強化と膨らみのある産地作り
　―園芸部門を念頭に―

　先に確認した栃木県農業の強みを活かし、総合的食料供給基地へと体質を転換し、全国トップ5への躍進を図ることが栃木県農業の目標であり、課題である。そうした目標を達成するためには、なお躍進の期待できる園芸部門を中心に生産振興を図ると共に、首都圏の台所としての「生産基地」から脱皮し、「作る農業」から「売る農業」への体質転換を進め、付加価値型農業の推進＝「農業総合サービス産業化」の推進を併せて進める必要がある。以下、園芸部門振興を念頭に、1,販売戦略、2,複合型産地作り、3,多様な

補完システムの確立を中心に検討しよう。

1)「作る農業」から「売る農業」への体質転換

　日本における最終需要としての飲食費は、不況の現在においても約75兆円に達しているが、輸入を含む農産物出荷額は約10兆円にとどまり、フードシステムにおける農業生産の位置はむしろ低下傾向にある。逆に言えば、この間の食料市場の急拡大にもかかわらず、その付加価値の多くが加工・流通・外食サービス等の関連産業のマージンに吸収されていたことになる。農業の位置低下は、農産物輸入自由化など国際化に伴う輸入食材の拡大とともに、国内における農業関連産業による付加価値奪取のダブルパンチの影響といえる。これまで栃木県は、首都圏型農業という市場出荷型農業による農業振興を図ってきたが、現状のフードシステムのままでは、その成長可能性には限界があるといえよう。

　近年の6次産業化や農商工連携の取り組みは、こうしたフードシステムの位置からの脱却、流通・加工・サービスマージンの生産現場への奪還を基本性格としている。農業生産のみで地域農業所得を倍増させることは難しいが、農業の体質転換を図り、直接販売、地場加工、観光を含めた外食等の農業サービス産業化等により、流通・加工・サービスマージンの奪還を図ること、それを地元に再投資する形で地域の仕事作りを進め、地域内循環を基本とした所得の再分配システムを構築していくことが基本戦略となる。しかし、そのた

めにはこれまでの「作る農業」（市場出荷型農業）から「売る農業」（付加価値型農業・農業総合サービス産業化）への体質転換が不可欠となる。マーケティングの基本は、「誰に」（顧客・ターゲット・ニーズの明確化）、「何を」（競争相手を意識した差別化・付加価値化・ものがたり化）、「どのように売るか」（顧客関係性・サービス化・共感化重視）といわれる。こうした有利販売戦略のためには、販路を見据えた販売戦略の強化＝差別化戦略・６次産業化戦略の具体化が求められているといえよう。

　これまでの「作る農業」は、プロダクト・アウト型の販売戦略である。市場シェアの確保を目指した「作り方」（良いものを大量に）から入り、有利販売を目指して先取りや契約販売に対応した「売り方」（同質のものをより安く・安定的に）につなげるものの、最終需要者や実需者との接触は切断され、「囲い込み方・結びつき方」としての実需者との関係性は希薄なものに留まる形であった。目標とする「売る農業」は、マーケット・イン型の販売戦略であり、その発想方法はまるで逆となる。まず、最終需要者や実需者と結びつき、その特性に応じたニーズを把握することで「囲い込み方・繋がり方」を工夫するのであり、ターゲットを明確に意識することから全てが始まる。続いて、顧客層やターゲットの性格に応じて「売り方」を工夫するのであり、相手に応じて値段はもとより荷姿や差別化のポイントが異なってくる。最後に、差別化や特性に対応して同じ作物でも「作り方」を工夫するのであり、同じ品目であってもその「作り方」の勘所が異なってくること

になる。見るとおり、「作る農業」と「売る農業」では、その発想の仕方・戦略の考え方が全く逆になる。例えば、同じイチゴであっても、量販店出荷向けと直売所等直接消費者向け、ケーキ等加工向け、観光もぎ取りいちご園等では、そのターゲットに応じて「作り方」から「サービス」の内容まで相手に応じて異なってこざるを得ないことになる。現在、川下主体の流通革命が進行する下で、契約流通等の市場外流通のウエイトが増大してきている。産地間競争を背景に、産地の都合を優先した「作る農業」の市場出荷型戦略から、実需者や販売相手先との結びつきを重視した「売る農業」への転換が求められているといえよう。

　こうした販売戦略の転換は、もちろん一朝一夕では進まない困難な課題である。また、これまで培ってきた市場出荷を否定するものでもない。品目によってその転換課題や方向性も異なる点が大事であろう。例えば、産地間競争で勝ち取ってきた市場シェアを基礎に、実需者との直接取引を拡大し、より有利な販売先と、きめの細かい市場細分化を目指して行くべき品目群（イチゴ・トマトなど）と、地場消費や直接消費者に販売していたものを、より大口の取引相手や差別化商品としてより広域販売を目指していくべき品目群（軟弱野菜や地域特産品・地域加工食品など）では、その「売る農業」への転換課題は、まるで逆になる可能性すらある。要は、これまでの農業振興で培ってきた市場での位置関係を基礎に、品目ごとにその販売戦略を洗い直し、より販売先を意識した関係性を強める販売戦略を如何に具体化するかが問われてい

るといえよう。

2) 単品型市場出荷型作物振興から膨らみのある複合型多品目産地へ

　上記の「売る農業」への体質転換とともに、契約流通、直接販売増加のためには、一産地での品揃え機能を重視した「膨らみのある産地作り」が求められる。これまでの「作る農業」では、市場シェア確保を優先し、単品型市場出荷・単品型大規模産地作りが主流を成していた。「売る農業」では、一定の品質を確保した上で、品揃え機能が重要な意味を持つ。これまでこうした品揃え機能は仲卸が担ってきたが、流通短縮化の過程で、こうした品揃え機能を持った産地が魅力的産地となりつつある。売る農業への転換は、これまでの単品型産地育成から、より膨らみのある産地作り、複合型多品目（園芸）産地作りが課題となろう。

　こうした複合型多品目園芸産地作りは、躍進の期待できる園芸の戦略的振興にとっても大切な課題であろう。産地サイドから見ても、市場リスク回避、連作障害回避、農作業繁閑回避（雇用調達を含む）は基本的な課題である。加えて、園芸拡大のためには、導入主体の性格に対応した複数品目産地育成がより現実的戦略となる。栃木県の園芸部門は、先進的プロ農家による高い技術と施設高度化に依拠した施設園芸の躍進（イチゴ・トマトなど）として成長してきた。高い所得形成力が後継者を含めた新規就農者の確保に結びついて

きたといえる。引き続き、こうしたプロ園芸農家を育成・確保し、全国における市場シェアを維持・確保していくとともに、市場出荷型からより付加価値に結びつきやすい販路拡大・複線化に取り組むことが基本課題と言えよう。

　しかし、膨らみのある園芸産地振興のためには、こうしたプロ型施設園芸の育成・振興と共に、米価の下落に対応した土地利用型経営における園芸複合品目（機収型＝機械で収穫できる根菜類・葉菜類等）の育成が求められている。また、高齢者や婦人が取り組みやすい、労働集約型、低投資・技術粗放型園芸作物の振興（にら・シュンギク・小松菜・地域特産品など）が大切となる。低下する年金所得、厳しくなる労働市場条件の下で、追加所得型の潜在的生産主体の掘り起こしが課題であろう。先のプロ型施設園芸では、その経営所得目標も800万から1000万となるが、土地利用型園芸品目では例えば所得低下分の300万が目標となり、追加所得型では例えば100万から200万（パート賃金水準）が当面の目標となろう。作物振興を図る場合、ついその品目だけでの経営自立化を目指した所得目標を掲げやすいが、導入主体やその所得目標に応じた膨らみのある産地振興が大切であろう。こうした導入主体の性格に応じた目標設定の下で、個別としては専作（複合化）、園芸産地としては多品目産地化を図り、先の膨らみのある産地作りを目指す必要がある。

　こうした複合型多品目産地作りは、地場流通における棚やコーナーの確保、道の駅等の品揃え品目の多様化に結びつく。そうした品目の加工や農家レストランでの地場産利用に

活用できるのであり、付加価値型農業を目指すための基礎的条件作りとなる。また、大口取引における契約流通においては、消費地近隣の立地優位性に加えて、品揃え機能を持った魅力ある産地となる契機となろう。イチゴ、トマトといったトップブランドに加えて、多品目のサブ・ブランド品目の育成を図り、そうした多様な品目を基礎に、6次産業化や農商工連携作りに結びつけていく戦略形成が求められる。

3) 個別経営自己完結型から多様な生産補完システムの確立へ

栃木県農業の体質転換として、園芸農業振興を念頭に、「作る農業」から「売る農業」への転換（売り先を睨んだ販売戦略の強化）と、「単品型市場出荷作物振興」から「複合型多品目産地」への転換（複合的総合産地作り）を見てきた。こうした体質転換のためには、「個別自己完結型経営」から「組織的・計画的生産補完システムの形成」が課題となる。そこでは単純に個から集団へというのではなく、栃木の特徴である個の成長を図るための組織的補完体制作りが問題となろう。ここでは、1，二階建て作物部会への組織再編、2，JA等による生産補完システムの確立、および、3，コントラクター等の広域的組織補完体制の確立の3点に絞り、やや具体的な課題を考えていこう。

①二階建て作物別部会への再編成

販売戦略の転換のためには、JAの作目別部会編成のあり方の見直し、具体化が求められよう（図12−1にイメージ

図)。現状の作物別部会編成は、市場出荷型の「作る農業」推進に対応した仕組みとなっている。作物別部会は、より良い商品を大量に作るための「技術共有化」のための普及組織であるとともに、「委託販売」による市場シェア確保に向けた「集荷団体」の性格が強い。市場建値格差を相殺するための「プール精算方式」によるリスク分散と平等化措置を担保しながら、実際の販売戦略はきつく言えば「全農任せ」となり、単協や農家は単なる「集荷団体」「生産者」に留まる販売体制であった。市場シェアを確保し産地を育成するためには最も効率的な組織であるが、生産者と実需者の距離が開き、生産現場で「売る農業」への転換の契機を見いだしづらい組織編成だったといえる。

こうした問題を改善するためには、販売先を意識した「二階建ての作物別部会」への編成替えが有効であろう。そのためには、作目別部会の下に、目的別・販路別の部会を置くことが有効である。例えば同じイチゴ部会であっても、市場出荷部会、量販店等契約部会、加工向け部会、直売所部会、観光農園部会など目的や販売先を共有化した下部部会を置くのである。各農家は目的に応じて下部部会に複数参加することとし、販路を意識した部会運営を具体化することが可能となる。親部会においては、共通の「技術共有化」・「市場情報共有化」を目指した技術・市場情報研修会を開催すると共に、市場変動に応じた下部部会間ロット調整を行うことが基本的課題となる。他方、下部部会においては、目的販路に応じた「技術差別化」・「販路特性情報共有化」を目指した技

第 12 章

図 12-1　作目別部会の二階建て方式への再編成の方向
【JA生産部会による販売先別の部会細分化（イメージ）】

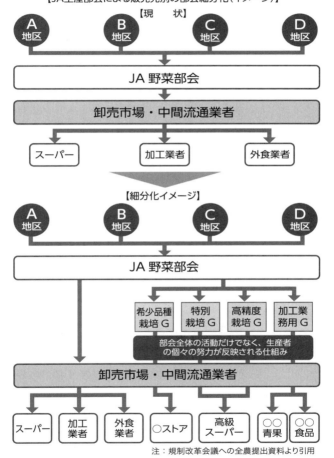

注：規制改革会議への全農提出資料より引用

術・市場情報研修会を開催することで、マーケットを意識した「売る農業」への体質転換をはかることになる。こうした二段階の取り組みを通じて、販路に応じた差別化や特性を意識した部会運営が可能となろう。下部部会の熟度に応じて、荷姿から使う資材へのこだわりまで、活動に応じた特性が発揮されることが期待され、その成果がまた産地イメージの膨らみに貢献するという好循環へと結びつけていく事が可能となる。

　こうした部会内部会としての2階建て部会編成は、販路別・目的別の契約販売・直接販売が増大するにつれて、下部部会における建値格差・付加価値水準の格差を伴っていくことが予想される。市場出荷型では、市場に依存した建値形成のため「委託集荷」を前提とせざるをえなかったが、契約出荷の増大に伴い契約価格を前提にJAもリスクを負った「買取集荷」へと移行する下部部会が発生する可能性が高い。また、「委託集荷」に連動した建値格差是正目的の「プール精算方式」も同様であろう。プール方式になじまない契約流通や直接販売の増大に伴い、「プール精算方式」は、下部部会間の調整を含みつつも、市場出荷分に限定されて運用される可能性が高い。

　以上、二階建て部会編成は、単に、技術共有の作物別部会方式から販路別の組織化への二階建ての編成替えに留まらず、委託集荷から買取集荷へ、プール精算方式から販路別建値格差へと、その根幹の運営方式を徐々に変質させていく契機となる。そうした下部部会の建値格差・付加価値水

第 12 章

準の格差に応じて、下部部会の販路確保へ向けた技術水準や運営原則のルール化が進み、各下部部会への参加要件の明確化へと進むことが予想される。部会員は、自らの技術水準と目的に応じて、所属下部部会を選択すると共に、自らの技術力アップや成長に応じて、所属部会をステップアップする体制となろう。こうした部会規範の確立に伴い、部会の運営原則も共同出荷のための「平等原則」から、内部に競争意識を埋め込み、技術力や経営力を加味した販路確保のための「公正原則」へと変化していくことになろう。協同組合としての「参加原則」を柱にしながらも、組合員同士の切磋琢磨を前提した「成長原則」が大きな柱になっていくように思われる。

　また、販路や目的別部会の編成は、これまでの市場出荷目的から、地場消費や直接販売、農産加工や農家レストランなどのサービスまで、より膨らみのある事業展開とも連関する。首都圏の台所という「農業生産基地」から、マーケットに直接向き合い、より多様な目的に対応した商品生産が目指されることになろう。「農業総合サービス産業化」へ向け、その事業範囲を拡大することが、組織再編成のもう一つの目的である。こうした付加価値型農業への転換には、生産場面における差別的対応と共に、加工や販売・サービス場面におけるきめの細かい対応や人的交流が不可欠である。婦人・高齢者の役割が増大することが期待される。事業範囲の拡大と共に、生産ばかりでなく加工・販売・サービスまで、その業務の多様化が進むのであり、農業内部はもちろん、准組合員対

策も見据えた農外の人材をも巻き込む「参加システム」の拡張が求められる。

　以上、簡単に二階建て部会編成の可能性と影響を考察したが、販売戦略の転換へ向けた取り組みの具体化は、簡単な課題ではない。要はこれまで確保してきた市場評価の維持・確保を図りつつ、よりマーケットを意識した組織編成へと体質転換することが課題である。付加価値奪還に向けた事業範囲の拡大と、地場での農業関連の仕事作りがその基本的取り組み方向となる。こうした取り組みは、二階建て作物別部会編成を端緒に、組織全体のあり方を見直す契機となる。

　まず、JA内部の役割分担の見直しである。これまで、販売戦略は県単位の全農がその機能を代位し、単協は「集荷団体」的性格に留まっていたが、単協単位での産地販売戦略の具体化に伴い、単協ベースでの独自販売のウエイトが増大しよう。全農はビッグビジネスとしての全国市場向け作物でのシェアを維持確保する対応を基本としつつ、各単協の独自販売を支援して、付加価値型農業転換へ向けた膨らみのある産地作りを補完する必要がある。全農内部にすでに市場外流通課が存在するが、ビッグビジネスにおける直接販売への移行と共に、各単協と実需者のマッチングを行い、場合によっては産地連携も含めてその育成を補完する必要がある。単協においては、これまでの集荷団体的性格から独自販売組織への成長が求められよう。そのためには、全農の協力を受けながら、ネックであった集荷担当者から販売担当者へ

成長できる専門職員の育成を図ることが不可欠である。人的能力の向上と共に、組織としての独自販売へ向けたノウハウの蓄積とリスク対応能力の向上が求められよう。こうした人材育成と組織強化のためには、コストも時間もかかる。組合員もそうした独自販売体制確立に向けて、単協の販売力強化を後押しする協力体制が不可欠である。

契約相手先や広域販売対応のためには、単協の範囲を超えたロットの確保が必要となる。各単協間の部会間ネットワークによる横の連携システム作りを進めると共に、将来的には全農段階における二階建て部会組織編成へと発展させていく必要がある。さらに言えば、実需者は通年型の供給体制を求めており、例えば、栃木県を中心に、九州と北東北ないし北海道と地域間連携を図り、ＪＡ組合間共同によるリレー出荷体制を構築していくことも視野に入れるべきであろう。

こうした販路の複線化と直接販売の増大に伴い、流通施設の体制整備も求められる。流通施設としては、単なる集荷場の枠を超え、需要先に応じて荷姿を調整できるパッケージセンターなどの流通施設の高度化が求められる。単協間の横のネットワーク化を進めながら、計画的な流通拠点施設の配置と整備が求められる。

以上、「売る農業」への体質転換に伴う波及効果・対策を見てきたが、こうした対応は第２次流通革命と言われる川下主導型流通構造へのキャッチアップの課題でもある。現在進行途上の流通革命では、市場流通が徐々に空洞化してき

ており、流通短縮化と川下主導の流通網が形成されてきている。こうした市場空洞化・弱体化に伴い、従来、品揃え機能と小分け機能、配送機能を担っていた仲卸が弱体化しつつある。集荷団体・出荷団体から直接販売団体へ成長転化するための転換の鍵は、こうした弱体化しつつある仲卸機能（集荷、品揃え、小分け、配送機能）を誰が代位できるかにかかっている。地場の仲卸業者とも連携しながら、JAが出荷団体的役割から脱皮し、仲卸的機能を生産段階で代位できるかどうかが現在の流通問題の焦点となっている。

　加えて、直接販売や6次産業化に向けて、行政と農業団体の戦略の共有化が大切であろう。行政とJAが、個々の経営支援方策と産地作り方策を別々に取り組むのではなく、販売戦略共有化の下で「地域力」として発揮できる仕組み作りが必要であろう。マーケティング協会などの戦略共有化組織があるが、販路確保を意識した官民一体となった販売戦略の具体化と共有化が求められている。

②JA等による生産補完システムの確立

　第2の具体的課題は、膨らみのある複合型産地を目指した生産補完システムの確立である。先に、導入主体の性格に対応した複数品目産地育成として、園芸を事例にプロ型施設園芸、土地利用型機収型園芸、労働集約型・低投資型園芸の複線的園芸振興方策を提起した。土地利用型経営においては、米価の下落に代表される収益性悪化への対応として、より大規模な米の効率的生産システムへの移行と共に、園

芸作導入等の経営複合化による範囲の経済の確保が課題となってきている。大規模層の多い県北地域では、すでに園芸作の導入による経営複合化が進展途上にある。土地利用型耕種経営における園芸作物導入の内的要因は形成されているとしてよい。また、高齢者や婦人層においては、年金の低位性やパート労働市場条件の悪化により、追加所得ややりがいのある就業場面を求める層が増大しつつある。定年時帰農の増大や農業場面における婦人労働等の雇用関係の広がりは、こうした潜在的農業就業機会の拡大を示している。問題は、こうした潜在的新規作物導入や農業就業機会の増大の機会をつかみ、如何に土地利用型と集約園芸の計画的・組織的育成・支援を図るかにかかっているといえよう。

土地利用型耕種部門においては、経営規模が30haを超える経営体も珍しくなくなっており、転作作物も含めた機械作業はほぼ周年化しつつある。こうした中での園芸作物の導入は、機械で収穫可能な機収型省力園芸作物、具体的には根菜類や葉・洋菜類の選定が現実的であろう。全国においては、こうした土地利用型園芸作物は、北海道、九州、東北の一部に展開しているが、重量野菜は高齢化に伴い市場参入余地が広がりつつある。マーケット情報を収集しつつ、産地確立を目指した戦略的な作物選定が必要であろう。

こうした機収型園芸作物導入に関しては、野菜苗等の育苗体制と収穫機等の追加投資が必要であるが、個々の経営単位の導入ではリスクも高く、二の足を踏みがちである。育苗に関しては、JA・全農等の育苗センターによる計画的種苗・苗供

給体制により、組織的生産補完システムを確立する必要がある。また、機械・施設導入に関しては、JA等で計画的に導入し、耕種農家を組織した集団にリースする方式でその負担を軽減化する必要があろう。

こうした組織的補完を前提に、土地利用型耕種経営においては、第1に、園芸作物における連作障害回避を目指した輪作体系の確立、第2に、機械共同利用による部門共同組織による共同作業体制の確立、第3に、耕畜連携による計画的堆肥導入による地力対策の確保、第4に、市場出荷や契約栽培を目指した地域連携的共同販売体制の確立が求められよう。こうした根菜類、葉・洋菜類は、生鮮野菜として出荷すると共に、加工特性も高い品目が多い。地場産業との連携や共同加工による冬場仕事作りとして、新たな野菜加工品等付加価値型販売戦略も同時に検討する必要があろう。

高齢者や婦人等の労働集約型・低資本投入型の作物群としては、すでに産地形成を果たしているニラ・アスパラをはじめ、春菊、小松菜など軟弱野菜などが導入しやすい品目となる。従来、都市近郊産地で栽培していたものが広域産地化してきているが、高齢化に伴い産地規模が縮小し、市場参入余地が広がりつつある。基本目標としては、年金補充やパート賃金並み所得の確保（100〜200万）となるので、そうした目標に応じた柔軟の作物振興が課題となろう。マーケット情報を収集しつつ、地場消費も見据えた作物選定と戦略的産地形成が必要であろう。

こうした労働集約型園芸作物の導入に関しては、新規作目

に関わる作業・管理マニュアル化などきめの細かい技術指導と共に、全ての工程を農家任せにせず、育苗や収穫など核となる作業の一部をJA等が代位補完することで、その生産導入の敷居を低くする（図12－2にイメージ図）ことが有効である。すでに中四国等の産地では、こうした農家とJA等の作業分担体制確立による産地育成が始まっており、作付拡大の力となっている。柔軟な組織的作業分担体制の確立が求められる。また、簡易型施設の導入補助、庭先集荷体制作りなど、きめの細かい組織的支援体制が必要であろう。農業雇用の広がりなど、自分の土地にこだわらない、あるいは、通い耕作に抵抗のない農業就業者が増えつつある。施設導入に関しては、個々バラバラの施設導入ではなく、JA等が施設団地を育成し、栽培農家を組織してリース型で施設を貸し出す方式も検討の対象になろう。要は、新規園芸導入のネックとなる作業、施設、資金等を組織的にカバーすることで、敷居の低い参加システムを作ることがこの部門の課題となる。

　こうした軟弱型生鮮野菜は、道の駅や直売所、あるいは地場スーパー等におけるインショップ型の地場産コーナー等での販売に適している品目群であるとともに、簡易加工適性が高い品目が多い。市場出荷戦略と共に、地場消費に依拠した販売戦略確立が必要であろう。こうした直接販売やスーパー等での販売コーナー確保のためには、年間を通じたリレー型の品揃え機能が大切となる。プロ型園芸作物、土地利用型園芸作物とも組み合わせる形で、年間栽培・出荷カレンダーを作成し、「新鮮」、「旬」、「地場産」、「顔の見える」、「安

全」を打ち出し、差別化を図る必要がある。また、加工適性を活かした「文化」や「伝統」、「ものがたり」を載せた加工食品の販売にまで取り組んでいく必要があろう。消費者や実需者への直接販売は、その反応を通じてさらなる生産意欲への良い刺激となる。また、他の生産者との比較を通じて、より商品適正を高めた工夫を生み出す契機となる。加えて、生

図12-2　JA等による生産補完システムの確立
【農作業等支援のすすめ方(イメージ)】

	栽培	収穫	調整	集出荷	販売
現状	生産者			JA	全農
JA支援型Ⅰ（軽量野菜）	生産者		JA		全農
JA支援型Ⅱ（重量野菜）	生産者	JA		JA	全農
全農支援型Ⅰ（軽量野菜）	生産者		全農	JA	全農
全農支援型Ⅱ（重量野菜）	生産者	全農		JA	全農

※収穫：収穫・箱づめ作業
※調整：選別・小分け包装作業

資料：全農

生産規模の維持・拡大

註：規制改革会議に出されたJA提出資料より引用

産ばかりでなく、加工、販売、農家レストラン等への事業範囲の拡大を図ることで、農外の人を巻き込んだ仲間作りが可能となってくる。県内においては、農村婦人が栄養士や調理師の資格を取得したり、そうした資格を持った農外の婦人と共同しビジネスを立ち上げている婦人グループが広がりつつある。こうした取り組みを組織的に支援すると共に、面的な広がりを持った取り組みへと地域波及させていく必要があろう。

③コントラクターなどの広域補完組織の育成

　部門間の連結を含めたやや広域的な補完システムの確立の課題を見ていこう。栃木県農業は、耕畜園のバランスが良く、膨らみのある産地作りに適した特性を持っているが、必ずしも部門間の横の連携が密接なわけではない。持続的園芸の振興のためには、堆肥投入等の土作り、地力対策の強化が求められる。また、耕種部門では転作対応のための新規需要米、取りわけ飼料米、WCS（発酵型稲粗飼料）の生産が不可欠になっている。加えて、畜産部門においては多頭化飼育に伴う糞尿処理対策が課題であるとともに、為替水準に影響されない差別化を睨んだ国産飼料基盤の確保が課題となっている。部門間の横連携が求められる事態が広がってきているとして良い。

　第1は、耕種部門の新規需要米生産による生産調整対策確立の課題である。生産調整の拡大に伴い、新規需要米生産が不可欠となっているが、主食用米へのコンタミ防止から

有利な専用種ではなく、主食用の「あさひの夢」を主体に飼料米に取り組んでいるのが実情である。より有利な専用種による飼料生産のためには、脱粒等による混米防止に向けて飼料米の固定団地化が求められると共に、収穫・乾燥段階のコンタミ防止対策が必要となる。そのためには、飼料米専用刈取コンバイン、飼料米専用乾燥機等の利用体制が必要となる。

　こうした問題を解決するためには、土地利用型経営を組織化するか、JA出資法人等による広域対応型のコントラクター（作業受託集団）の育成が有効である。飼料米生産においては、生産調整の計画的対応として、地域ごとに土地利用型経営による計画的飼料米固定団地を設定する。こうした飼料米固定団地の秋作業を県南から県北に向けて一括して広域対応型コントラクターが作業受託する体制とし、飼料専用コンバイン、専用乾燥機を使う体制でコンタミを防ぐのである。国による生産調整配分の廃止に伴う需給混乱が危惧されているが、組織的な有利な転作システムの確立が、大切な課題となっている。なお、一般に飼料米は地力を食うと言われており、作付地には堆肥等の地力対策が不可欠となる。有利な転作システムの確立と共に、エサの提供と堆肥による地力補填の耕畜連携作りが不可欠の課題となる。

　第2に、畜産部門における糞尿処理対策と差別化に向けた国産飼料確保の課題である。畜産経営は、貿易自由化のターゲットと位置づけられており、競争力強化と差別化に向けた取り組みが不可欠となりつつある。当面の課題として

は、多頭化に伴う糞尿処理対策の負担軽減と、海外産との差別化を目指した戦略的販売対策作りである。糞尿処理対策としては、広域型の共同堆肥センターが配置されてきているが、増大する堆肥の流通と活用対策が問題となる。先の飼料米増大に伴う耕種部門における計画的堆肥投入圃場の確保とともに、園芸部門拡大に伴う堆肥需要の増大と広域流通体制の確立が必要となろう。こうした耕種・園芸部門と畜産部門の部門間連携システム作りにより、栃木県農業の連携型・循環型生産システムの確立が耕畜連携の課題である。

　畜産物の差別化は、貿易自由化や産地間競争の激化の下で不可欠の課題となっている。エサにおいても遺伝子組み換え品目による安全性の危惧とともに、種苗法廃止に伴う組み替え品目の国内流入が危惧されている。「安全・安心」対策として、国内産飼料に依拠した畜産の展開による差別化や、循環型農業への取り組み自体が、環境にやさしい畜産として差別化の武器となる。米で作った卵、米で作ったお肉、米で育った牛乳など、安全と環境に配慮した畜産物を、差別化商品としてアピールして行く必要がある。なお、中小家畜と大家畜では飼料米等のエサ米混入割合は異なるし、肉質や乳質への影響を考慮する必要がある。日本の飼料米研究の中心機関である草地試験場が立地している有利性を活かし、こうした研究機関とも連携しつつ品質を確保するための飼料米給与マニュアル等の作成が求められている。

　第3に、拡大が期待される園芸部門では、土作り対策が不

可欠となる。畜産から供給される堆肥を活用し、地域循環型園芸生産の取り組みを強化する必要がある。こうした堆肥利用が拡大するためには、肥料成分分析等による堆肥品質の確保と共に、飼料米栽培、園芸品目栽培における土壌分析を基礎とした堆肥投入カルテ・マニュアルの作成が求められよう。先進県では、堆肥投入圃場・作物の記録を蓄積しながら、販売における差別化戦略に活用している。地場産の新鮮野菜に加えて、環境にやさしい循環型農業として位置づけ、差別化に向けた販売戦略や認証システムの具体化が必要であろう。

以上、耕種・畜産・園芸部門異おける横連携の方向に関してみてきたが、単に循環システムの確立等技術的改善に留まらず、差別化戦略の一環として販売戦略に活用していく視点が必要である。こうした差別化戦略は、消費者や実需者からの信頼を基礎に構築されるものである。併せて、認証システムなどの「信頼」対策の強化が求められる。

3. 農業関係機関の地域マネージメント能力の向上と連携型地域社会の形成

個別志向の強い栃木県において、販売戦略の強化と生産補完システムの確立、部門間横連携の強化を進めるためには、行政をはじめとする農業関連団体の地域マネージメント能力の向上が求められる。最後に、こうした農業関連機関の方向性と課題を考察する。図12－3は、戦略的地域営農シス

テムの確立課題を見たものである。行政やJA等の農業関係機関の機能・役割を中心に検討しよう。

第1の機能は、「地域農業マネージャー機能」である。そこでは、地域を一つの経営に見立てた「農村経営」の企画・立案・調整機能が問題となる。行政やJA等の農業関係機関と共に、担い手組織等との「戦略の共有化」が必要である。また、戦略共有化のためには、極力ボトムアップ型の企画・立案作りが求められよう。併せて、各関係機関がバラバラではなく、窓口一本化など、相談・調整機能の統合化が望ましい。農業解体の著しい中国地方のある先進事例では、一町一集落営農の形態を掲げ、こうした戦略の共有化と一体的推進

図12-3 戦略的地域営農システムの課題（イメージ）

①地域農業マネージャ機能（企画・立案・調整機能）
〈市町村・農協・公社・関連団体・担い手協議会　窓口一本化〉
戦略的販売計画―地域リーダー育成―計画的土地利用―農村経営システム構築
②地域農業生産サポート機能（生産補完・支援・直営機能）
〈担い手・集落営農・公共型出資法人等〉
戦略的作付計画―オペレーター組織化―組織的土地利用―農業生産システム再編
③地域農業イノベーション機能（新規分野・事業育成機能）
〈JA・関連法人・農家・新規参入・関連企業〉
戦略的差別化計画―イノベーター育成―共生的土地利用―農業総合サービス産業化

体制作りをしている地域がある。栃木の現状では、関係機関の戦略共有化を基礎に、各機関の一層の横連携の強化を図ると共に、相談・調整機能の強化へ向けた体制作りが求められよう。ここでの企画立案においては、①農業生産の成長を見込んだ販売先を睨んだ戦略的販売計画の共有化、②人材が貴重な資源となる中で、企画・立案を推進する地域リーダー（関係機関と農業者）の育成、③そうした販売戦略を土地利用へ具体化した計画的土地利用計画作りが主要な柱となる。④そうした販売戦略、人材育成計画、土地利用計画を柱として、地域を一つの経営に見立てた農村経営システムの確立が、地域営農計画の課題となる。①ではターゲットの明確化による市場と契約相手先を睨んだ複線的販売チャネルの確立、②では、そうした販売戦略を具体化する先導者（リーダー）と調整主体（マネージャー）の二頭立てリーダーシステムの確立、③では農地利用の団地化や権利調整を図る農地管理システムの確立、④では地域農業者が共感でき、夢の持てる地域経営計画への統合化がそれぞれポイントになろう。

　第2の機能は、「地域農業生産サポート機能」である。そこでは、個別経営を支え、支援するための組織化を推進し、生産補完や支援システムを確立することが課題となる。担い手の組織化や、集落営農の推進、場合によっては公共型出資法人等の担い手の育成がそこでの課題となる。ここでの生産再編においては、①販売計画に対応した耕蓄園の戦略的作付計画、②そうした作付計画を実施する担い手等のオペ

レーターの組織化、③そうしたオペレーター協業体制や横連携を図る組織的土地利用システムの確立が、生産システム再編の具体的柱となる。こうした3つの側面における個と集団の二階建ての共生システムの確立が、農業生産システム再編の課題となる。

　第3の機能は、「地域農業イノベーション機能」である。そこでは、市場出荷型からより高付加価値化を目指した新規分野や事業育成が課題となる。こうした付加価値型農業への転換のためには、①販売先を睨んだ戦略的差別化計画、②そうした差別化を支えるイノベーターとしての人材育成、③消費者や実需者が共感を寄せる共生的な土地利用システムの確立を柱とする。こうした消費者や実需者のニーズに応え、信頼・共感を確保する「農業総合サービス産業化」推進が、生産基地としての農業形態からの体質転換すべきイノベーションの方向性となる。

　こうした3つの機能は、それぞれポイントが異なると共に、企画立案段階と生産再編段階と付加価値化推進においてその課題は相互に連関している。戦略的地域営農システムの確立に向けて、各農業関係機関の横連携の強化と、担い手等農業者との積極的な役割分担の確立が求められている。

　最後に、地域農業の組織化と連携課題のイメージを述べて終わりとしたい。図12－4は、地域農業の組織化と連携課題をイメージしたものである。大きくは、地域農業者による「人と土地のネットワーク作り」の課題と、消費者や実需者を巻き込んだ「生産と消費のネットワーク作り」が課題とな

る。

　第1は、集落やより広域の地域における、労働力と土地の再結合を目指した労働力・土地連携の課題である。必ずしも集落営農等の形態にこだわる必要はないが、地域における

図12-4　地域農業の組織化と連携課題（イメージ）

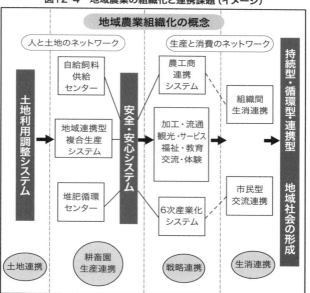

担い手の存在状況に応じた個別経営の枠を超えた地域労働力と農地の再結合がそこでの課題である。労働力の再結合においては、選別や排除ではなく、地域農業における「仕事作り」を基礎とした多様な参加原則が必要であろう。土地利用においては、世代交代も睨んだ担い手と土地提供者の土

地利用調整システムの確立がポイントとなる。

　第2は、耕種部門と園芸部門および畜産部門の部門間連携システムの確立である。こうした部門の分布には地域間格差が大きいので、部門間連携の構築は、同時により広域な地域間連携確立の課題となる。そこでは、耕蓄園生産連携による地域連携型複合生産システムの確立が課題となる。あわせて、エサと堆肥循環を契機とした広域循環システムの確立を基礎とした消費者や実需者に信頼共感される安全・安心システムの確立がそのポイントとなろう。

　第3は、生産サイドと加工・流通・サービスが戦略を共有する戦略連携課題である。実需者や消費者と結びつくために、地場の異業種と戦略を共有し、付加価値型農業への体質転換を目指す農商工連携システム作りが一つの方向となる。また、観光や教育・福祉など生活に密着した関連部門と連携を強め、交流や体験を含めた総合サービス産業化への課題がポイントとなろう。

　第4は、実需者や消費者との関係性を強化する生消連携の課題である。実需者や生協等の契約取引相手との組織間連携の強化が基本的課題である。そこでは、消費者や市民との持続的交流システムの確立を目指した参加・交流システムの確立がポイントとなる。

　川上における農業を基軸とした生産場面における「人と土地のネットワーク」作りと、川下における関係性強化を基軸とした「生産と消費のネットワーク」作りを契機として、定住社会確保をめざした「持続型・循環型・連携型地域社会の形

成」が、最終的な地域作りの目標となる。毎日の生活を支える食料と農業が起爆剤となり、こうした地域住民を巻き込んだ地域作りが進展することを期待したい。

参考文献 ─────────────

[1] 谷口信和編集代表『日本農業年報61アベノミクス農政の行方』農林統計協会、2015
[2] 栃木県『栃木県農業振興計画2016-2020　栃木農業"進化"躍進プラン』栃木県、2016
[3] 規制改革会議農業ワーキンググループ審議会資料（内閣府）
[4] 第27回JA全国大会決議「創造的自己改革への挑戦」ＪＡ全国中央会、2016

第 12 章

謝　辞

　はしがきに記したように、本書の元は連合栃木総合研究所の平成28年度委託研究『栃木県における産業としての農業のあり方に関する調査研究』である。本書策定に当たっては、各関係機関から多大な御協力とご援助を頂いた。

　一般社団法人　連合栃木総合生活研究所の小林秀樹氏には、委託研究に関わり、研究方向や課題について貴重な示唆とアドバイスを頂くと共に、最大限の自由な研究環境を準備して頂いた。ここに記して、研究会全員を代表して感謝の意を捧げたい。

　こうした最大限の自由な研究環境の下、宇都宮大学農業経済学科メンバーを中心に研究会を立ち上げ、関係機関のご協力、ご援助により、数回の共同ヒアリング、学習会を開かせて頂いた。特に、栃木県農務部農政課、JA栃木中央会担い手サポートセンター、栃木県農業振興公社・農地中間管理機構の皆様には、学習会におけるご教示と貴重な資料の提供を頂いた。ここに記して、研究会全員の感謝を述べさせて頂く。

　各論文の執筆に当たっては、研究会メンバーが課題に応じて現地に飛んだ。県内外の農業関係機関、農業者組織、担い手グループ、集落組織等でヒアリング調査を行い、多大な御協力と御意見を頂いた。研究会メンバーに代わり、感謝の意を捧げたい。

　また、出版に当たっては、宇都宮大学石田朋靖学長、夏

謝　辞

　秋知英農学部長にご支援頂くと共に、出版助成を賜った。ここに記して、執筆者全員の感謝を述べさせて頂く。下野新聞社には、出版情勢が厳しい中で、快く出版をお引き受け頂くと共に、編集出版部嶋田一雄氏には、激励を頂くと共に様々なご迷惑をお掛けした。ここに記して、お詫びと感謝の意を捧げたい。
　こうした関係者の皆様の御協力により、貧しいながらも共同研究の成果をまとめることができた。栃木県農業振興に向けて、捨て石としてご活用頂ければ幸いである。
　本報告書では、各章の執筆に当たっては、メンバーの専門分野も考慮しながら分担したが、関係機関や現場の声を参考にしながらも、執筆者各自の責任で取りまとめている。内容や論調に関しての責任は各執筆者にある。こうした性格上、必ずしも全体の論調がまとまっているわけではないが、あえて調整をしなかった。厳しい農業環境の下で、今こそ多様な視点から多様な議論が起きることが大切と考えるからである。キーワードしては市場対応、参加、連携、循環、持続型地域社会の形成を目指しているが、その具体的方向性に関しては濃淡の差がある。貧しい成果ではあるが、地域作りに向けたこうした議論の起爆剤になれば幸いである。今後とも農業者や農業関係機関、地域作りに日々奮闘されている現場の方々と連携して研究していくことを誓って、感謝の言葉としたい。

研究代表者　秋山　満

shimotsuke shimbun-shinsho

下野新聞新書 11
食と農でつむぐ地域社会の未来
12の眼で見た とちぎの農業
宇都宮大学農学部 農業経済学科 編
平成 30 年 2 月 26 日 初版 第 1 刷発行

発行所：下野新聞社
　　　　〒 320-8686 宇都宮市昭和 1-8-11
　　　　電話 028-625-1135（編集出版部）
　　　　http://www.shimotsuke.co.jp

印刷・製本：株式会社シナノパブリッシングプレス
装丁：デザインジェム
カバーデザイン：BOTANICA
©2018 Utsunomiya University
Printed in Japan
ISBN978-4-88286-691-6　C0260

＊本書の無断複写・複製・転載を禁じます。
＊落丁・乱丁本はお取り替えいたします。
＊定価はカバーに明記してあります。